REVISTA DE LA ACADEMIA PUERTORRIQUEÑA DE JURISPRUDENCIA Y LEGISLACIÓN

SAN JUAN, 2017
VOLUMEN XV

"La Academia Puertorriqueña de Jurisprudencia y Legislación, correspondiente de la Real Academia de Jurisprudencia de España, tiene como fines promover la investigación y la práctica del Derecho y de sus ciencias auxiliares, así como contribuir a las reformas y progreso de la legislación puertorriqueña". Artículo 1, Título primero de los Estatutos.

Academia Puertorriqueña de Jurisprudencia y Legislación
Apartado Postal 23340, San Juan PR 00931-3340
Teléfono: 787-999-9652
E: mail: ajpr@academiajurisprudenciapr.org

Las oficinas ejecutivas de la Academia se encuentran localizadas en el tercer piso de la Escuela de Derecho de la Universidad de Puerto Rico, Recinto de Río Piedras, Río Piedras, Puerto Rico.

Revista
de la
ACADEMIA PUERTORRIQUEÑA DE JURISPRUDENCIA Y LEGISLACIÓN

Antonio García Padilla
Presidente

Carmen Aponte-Ayala
Directora Ejecutiva

La Revista de la Academia Puertorriqueña de Jurisprudencia y Legislación se publica periódicamente. Es el órgano oficial científico de la Academia.
Toda correspondencia deberá dirigirse al Director Ejecutivo, a la siguiente dirección:

Revista de la Academia Puertorriqueña de Jurisprudencia y Legislación
Apartado Postal 23340
San Juan PR 00931-3340

Para que la revista considere una posible colaboración, deberá dirigir un ejemplar a la Academia, a la mencionada dirección postal.

La revista no se solidariza oficialmente con las opiniones sostenidas por los colaboradores en sus artículos o monografías.

Toda suscripción en Estados Unidos y Canadá debe procesarse a través de nuestras oficinas en la dirección postal antes mencionada o a través de nuestro correo electrónico: ajpr@academiajurisprudenciapr.org.

"Revista de la Academia Puertorriqueña de Jurisprudencia y Legislación" is published by the Academia Puertorriqueña de Jurisprudencia y Legislación. All subscription in the United States and Canada must be processed through our offices in the mailing address before mentioned, or our electronic mail: ajpr@academiajurisprudenciapr.org.

REVISTA
de la
ACADEMIA PUERTORRIQUEÑA DE JURISPRUDENCIA Y LEGISLACIÓN

VOL. XV   2017

ÍNDICE

EL DERECHO Y EL SILENCIO*

Efrén Rivera Ramos **

Agradezco al cuerpo de académicas y académicos numerarios y a su señor Presidente el haberme honrado con su invitación a incorporarme a esta distinguida institución. La acepto con humildad y con un gran sentido de responsabilidad. Doy gracias también a todas y todos ustedes por su presencia aquí esta noche, gesto de acompañamiento que aprecio profundamente.

El tema de mi discurso es el derecho y el silencio.

Mi proposición central es sencilla. El silencio es un fenómeno mucho más presente en el mundo jurídico que lo que apreciamos usualmente. Sin embargo, tanto la teoría del derecho como la doctrina han guardado un relativo silencio sobre el silencio en el derecho. Salvo notables excepciones, generalmente dirigidas al examen de aspectos puntuales, se ha procurado muy poco sistematizar la reflexión en torno a lo que el silencio entraña tanto para el carácter mismo del derecho como para la práctica jurídica. Este trabajo, todavía en progreso, pretende contribuir en alguna medida a atender esa situación. Sé que me estoy tomando un riesgo, pues quizás el silencio sea uno de esos fenómenos inefables, inaprehensibles, sobre los que Wittgenstein advertía que sería mejor no decir nada.[1] Pero el tema me cautivó y decidí abordarlo.

Lo que presentaré esta noche es un esbozo de lo que espero se convierta en un texto más extenso. Acepto, pues, de antemano, el señalamiento de que al final habrán quedado muchos aspectos sin abordar.

¿Qué queremos decir por silencio? Las definiciones de los diccionarios principales de las lenguas española e inglesa hacen alusión a por lo menos dos acepciones del término. Por un lado, la falta de ruido o de sonido. Por otro, la ausencia de palabras, orales o escritas. Centraré mi análisis en la segunda acepción, aunque también habría cosas interesantes que decir sobre la primera. Nótese, sin embargo, que la falta de palabras no es sinónimo de ausencia de comunicación. Luis Rafael Sánchez, por ejemplo, se ha referido a la "elocuencia implacable del silencio".[2] Como ha dicho George

* Discurso pronunciado por el autor en el acto de su instalación como Académico de Número de la Academia Puertorriqueña de Jurisprudencia y Legislación celebrado el 16 de febrero de 2017 en el Aula Magna de la Escuela de Derecho de la Universidad de Puerto Rico.
** Académico de Número, Academia Puertorriqueña de Jurisprudencia y Legislación; Catedrático, Escuela de Derecho, Universidad de Puerto Rico. El autor agradece a Ravenna Michalsen, chelista y estudiante graduada de la Universidad de Yale, y a Alexandra Sabater, estudiante de la Escuela de Derecho de la Universidad de Puerto Rico, por su valiosa ayuda en la investigación realizada para este trabajo.

[1] LUDWIG WITTGENSTEIN, TRACTATUS LOGICO-PHILOSOPHICUS 74 (1974).
[2] Luis Rafael Sánchez, "Archivo negro", en EL NUEVO DÍA, 10 de diciembre de 2016, pág. 57.

Steiner, el reconocido filósofo del lenguaje y crítico literario de la Universidad de Cambridge, "hay todo tipo de comunicaciones fuera y más allá de la palabra".[3] Que lo digan los amantes, que no necesitan palabras para decirse cosas, comunicación que muchas veces consiste de silencios largos, profundos, inolvidables y deliciosos. Los silencios son parte de la intersubjetividad, de la acción comunicativa, con la que, según Habermas[4], vamos construyendo el mundo.

Por otro lado, no hay un solo tipo de silencio. Hay muchos. De ahí que tal vez sea mejor referirse a los silencios y el derecho.

El silencio es un fenómeno múltiple por lo menos por dos razones: por las distintos factores que pueden explicar su aparición y por los sentidos variados que podemos leer en él.

Por ejemplo, algo puede dejarse sin decir porque se le da por sentado.[5] También puede quedar fuera como producto del olvido, el desconocimiento, el error o la intención deliberada.[6] Esas explicaciones influyen en la atribución de significado al silencio producido.

Los silencios pueden también albergar sentidos distintos. Pueden ser indicios de indiferencia, perplejidad, descreimiento, extrañeza, acatamiento, desprecio, arrogancia, prepotencia, desobediencia o desafío. Los silencios pueden manifestar tanto autoridad como falta de poder.[7] La expresión popular "el que calla otorga" solo mienta parte de las posibilidades. A veces también podrá decirse que "el que calla pondera" o "el que calla resiste". Steiner, por ejemplo, afirma que el silencio es una de las modalidades de la afirmación, junto al lenguaje, la luz y la música.[8]

El silencio puede generar valoraciones tanto positivas como negativas. El español Ramón Andrés, filósofo de la música y crítico literario – ámbitos ambos (el de la música y el de la literatura) en los que los silencios son parte integral de la obra -- sostiene que la atribución de connotaciones primordialmente negativas al silencio es una característica propia de la era moderna.[9] Con frecuencia, la cultura popular contemporánea proyecta el silencio como algo negativo: debilidad, complicidad, ignorancia, sumisión, o falta de "asertividad" como dicen algunos con el aval de la Real Academia. Sin embargo, en la Antigüedad Griega y Romana, así como en el mundo medieval, hubo apre-

---

[3] GEORGE STEINER, UN LARGO SÁBADO: CONVERSACIONES CON LAURE ADLER 70 (2016).

[4] JÜRGEN HABERMAS, TEORÍA DE LA ACCIÓN COMUNICATIVA (1987) [1981].

[5] MARIANNE CONSTABLE, JUST SILENCES: THE LIMITS AND POSSIBILITIES OF MODERN LAW 5 (2005).

[6] Id., citando a JOHN AUSTIN, PHILOSOPHICAL PAPERS 175-204 (1979).

[7] CONSTABLE, supra nota 5, a la pág. 12.

[8] GEORGE STEINER, LENGUAJE Y SILENCIO: ENSAYOS SOBRE LA LITERATURA, EL LENGUAJE Y LO INHUMANO 59 (2013). Para los diversos sentidos del silencio, véase también RAMÓN ANDRÉS, NO SUFRIR COMPAÑÍA: ESCRITOS MÍSTICOS SOBRE EL SILENCIO (2010), especialmente la introducción: "De los modos de decir en silencio", a las págs. 11-74.

[9] ANDRÉS, supra nota 8.

ciaciones diferentes, entre ellas la oportunidad que ofrece el silencio para la comprensión propia y el cultivo personal. Recuérdese el silencio característico del campesino puertorriqueño asociado con su concepción de la dignidad. Es posible, pues, identificar el silencio también con valores positivos: fortaleza, sabiduría, profundidad, cautela saludable o simplemente respeto.

Hechas estas aclaraciones generales, paso a proponer cuatro líneas de investigación que me parecen colmadas de posibilidades para elaborar una eventual teoría de los silencios en el derecho. Son sugerencias provisionales que pretenden únicamente servir de provocación para que nos interesemos más en lo que a mi juicio es un campo subdesarrollado de la reflexión jurídica.

Los cuatro aspectos de la relación entre los silencios y el derecho, que se corresponden con las cuatro líneas de investigación que propongo son: (a) el silencio como objeto de regulación jurídica; (b) el silencio como referencia hermenéutica; (c) los efectos sociales de los silencios del derecho y (d) el silencio como elemento constitutivo del derecho. Estas vías de indagación tienen el potencial de nutrir una teoría analítica, una teoría normativa, una teoría de interpretación y una teoría social del silencio en el derecho. Por supuesto, hay una imbricación ineludible entre estas diferentes avenidas de indagación.

I. El Silencio como Objeto de Regulación Jurídica

En esta primera línea de investigación la pregunta básica sería: cómo regulan o han regulado los ordenamientos jurídicos conocidos el fenómeno del silencio. Procederé identificando modalidades generales de esta actividad reguladora y proveyendo ejemplos de doctrinas, leyes o decisiones judiciales específicas. Esto último se hará con un doble propósito: ilustrar con instancias particulares los conceptos más abstractos y comprobar el extendido tratamiento del silencio en los ordenamientos, a pesar de su escasa presencia en la literatura doctrinal y teórica.

El silencio ha sido objeto de reglamentación durante siglos. A lo largo de la historia se han constituido regímenes de silencio de diverso tipo. En esos sistemas hay determinaciones precisas sobre quién habla, cuándo, dónde, cómo y con qué propósito. O, dicho a la inversa, quién debe callar, cuándo, dónde y con qué fin. Un ejemplo paradigmático es el de los entornos monásticos. En ellos se cultivó y se cultiva una compleja normativa del silencio que permea la vida toda de sus practicantes. Los abades y los monjes (las abadesas y las monjas) se convierten en verdaderos expertos de la aplicación de esa normativa del hablar y no hablar. Hubo en Europa una época– desde la tempranísima hasta la alta Edad Media – en que esos regímenes de silencio constituían una forma sobresaliente de vida.[10] Igual ha ocurrido y ocurre en otras latitudes y culturas.

Pero aún en los tiempos y sociedades actuales existen regímenes parciales de silencio: en las iglesias, las bibliotecas, las salas de concierto, los cines, los hospitales, las

---

[10] Véase Id., a las págs. 40-47.

cárceles, las cortes, los salones de clase.[11] Se trata de normas que dictaminan el silencio que debe observarse en ciertos espacios y momentos. También muchos protocolos de ceremonias militares, civiles, eclesiásticas y académicas incluyen el silencio entre sus acciones reguladas: especifican quién puede hablar, cuándo y cómo. Los modales constituyen un código social en el que los silencios desempeñan un papel importante.

Dividiría esta indagación sobre el silencio como objeto de regulación, a su vez, en cuatro categorías: (a) el silencio obligado (o compelido); (b) el derecho al silencio (o el silencio protegido); (c) la protección jurídica contra el silencio y (d) la atribución de ciertas consecuencias jurídicas al silencio.

Tomemos el primero: el silencio obligado o compelido.

Una instancia obvia de esta modalidad de regulación son las censuras de todo tipo. Han abundado en la historia jurídica de Occidente y en otras civilizaciones, incluido nuestro país. Un ejemplo reciente de consecuencias internacionales dramáticas ha sido la famosa Global Gag Rule adoptada por el Presidente Ronald Reagan en 1984, revocada por el Presidente Bill Clinton en 1993, reinstalada por el Presidente George Bush en 2001, vuelta a rescindir por el Presidente Barack Obama en el 2009 y de nuevo puesta en vigor por el Presidente Donald Trump el 23 de enero de 2017. La susodicha disposición prohíbe a las organizaciones sin fines de lucro que reciben fondos federales informar, abogar o siquiera hablar sobre el aborto en otros países.[12] Durante los periodos de vigencia de esa norma numerosas organizaciones dedicadas a proveer servicios de planificación familiar y salud sexual y reproductiva vieron mermar sus recursos, y por ende sus servicios, considerablemente,[13] lo que se espera volverá a ocurrir tras la decisión de la Administración Trump. Otro ejemplo de silencio obligado fue la política de "Don´t Ask, Don´t Tell" adoptada por la Administración del Presidente Bill Clinton en el contexto del servicio militar.[14] La directriz obligaba a los soldados y soldadas homosexuales y lesbianas a guardar silencio sobre su orientación sexual so pena de ser excluidas de las Fuerzas Armadas. Se estima que, durante los diecisiete años de su vigencia, se expulsó a más de 13,000 personas de las Fuerzas Armadas debido a su orientación sexual.[15]

---

[11] Sobre el silencio en las bibliotecas, Véase CONSTABLE, supra nota 5, a las págs. 1-7.

[12] Véanse WILLIAM J. CLINTON, MEMORANDUM ON THE MEXICO CITY POLICY, JANUARY 22, 1993, 29 Weekly Comp. Pres. Doc. 88 (1993); THE WHITE HOUSE, PRESIDENT GEORGE W. BUSH, MEMORANDUM FOR THE ADMINISTRATOR OF THE UNITED STATES AGENCY FOR INTERNATIONAL DEVELOPMENT: RESTORATION OF THE MEXICO CITY POLICY, JANUARY 22, 2001; Rachael E. Seevers, The Politics of Gagging: The Effects of the Global Gag Rule on Democratic Participation and Political Advocacy in Peru, 31 Brook. J. Int'l L. (2006).

[13] Seevers, supra nota 12.

[14] United States, Department of Defense, Directive 1304.26, emitida el 21 de diciembre de 1993. La política estuvo vigente hasta el 20 de septiembre de 2011, tras su revocación por el Congreso. Don't Ask, Don't Tell Repeal Act of 2010 (H.R. 2965, S. 4023), 111th Cong. 2009-2010.

[15] Alexis N. Wansac, "DON'T ASK, DON'T TELL": A HISTORY, LEGACY, AND AFTERMATH (Thesis, University of Central Florida), Summer Term 2013, http://etd.fcla.edu/CF/CFH0004487/Wansac_Alexis_N_201308_BA.pdf (última visita: 3 de

Desde cierta perspectiva toda la normativa sobre privilegios, muchos de ellos recogidos en nuestras Reglas de Evidencia, constituye un régimen de silencio impuesto sobre aquellos a quienes el privilegio obliga.[16] De similar tenor son los decretos de confidencialidad de información gubernamental amparados en doctrinas constitucionales o en la legislación y reglamentación especializada sobre la materia.[17] Por ejemplo, un estudio realizado por el Instituto de Estadísticas de Puerto Rico reflejó que en el país existen sobre 130 disposiciones legales de diverso orden que decretan la confidencialidad de (es decir, el silencio sobre) determinada información gubernamental.[18]

Una forma peculiar de silencio obligado es el silencio utilizado como castigo o como medio de tortura. Aparte de la pena de muerte, que es la imposición del más definitivo de los silencios, el confinamiento solitario constituye una de las modalidades más crueles de sanción penal. Ese rodear a la persona encarcelada de un silencio absoluto, interrumpido solo por la irrupción de los custodios en su celda, está destinado a castigar física, emocional y espiritualmente. Tiene el propósito, además, de hacer manifiesto un poder, lo que Foucault llama el poder de disciplinar, de modo que sea internalizado, a fuerza del silencio impuesto, por el sujeto que ahora se ha convertido en objeto del ejercicio del poder del carcelero.[19] Foucault resume esta relación entre el silencio, la prisión, el poder y el castigo de la siguiente manera: "...el aislamiento de los condenados garantiza que se pueda ejercer sobre ellos, con intensidad máxima, un poder que no será superado por ninguna otra influencia; la soledad es la condición primera de la sumisión total... El aislamiento provee un intercambio íntimo entre el condenado y el poder que se ejerce sobre él...En aislamiento absoluto...la rehabilitación del delincuente no se espera de la aplicación de una ley común, sino de la relación del individuo con su propia conciencia...En la prisión de Pennsylvania, los únicos dispositivos de corrección eran la conciencia y la arquitectura silente que la confrontaba...",[20]

---

enero de 2017); Igor Volsky, *New Statistic: 13,425 Soldiers Discharged Under Don't Ask, Don't Tell*, THINK PROGRESS, April 22, 2010, https://thinkprogress.org/new-statistic-13-425-soldiers-discharged-under-dont-ask-don-t-tell-a453e1510f41#.iljzoaeo0 (última visita: 3 de enero de 2017).

[16] REGLAS DE EVIDENCIA DE PUERTO RICO (2009), Capítulo V: Privilegios.

[17] Véanse, entre otros, United States v. Nixon, 418 U.S. 683 (1974) (privilegio ejecutivo); R. de Evidencia 514, REGLAS DE EVIDENCIA DE PUERTO RICO (2009) (privilegio sobre información oficial). Además, Soto v. Secretario de Justicia, 112 DPR 477 (1982); Santiago v. Bobb y El Mundo, Inc., 117 DPR 153 (1986); López Vives v. Policía de Puerto Rico, 118 DPR 219 (1987); Noriega v. Gobernador, 122 DPR 650 (1988) (Noriega I); Noriega v. Gobernador, 130 DPR 919 (1992) (Noriega II); Angueira v. Junta de Libertad Bajo Palabra, 150 DPR 10 (2000); Nieves Falcón v. Junta de Libertad Bajo Palabra, 160 DPR 97 (2003).

[18] JORGE R. ROIG COLÓN, ACCESO, DIVULGACIÓN Y CONFIDENCIALIDAD DE LA INFORMACIÓN DEL GOBIERNO: INFORME DE INVESTIGACIÓN EXTERNA PARA EL DIRECTOR EJECUTIVO (INSTITUTO DE ESTADÍSTICIAS DE PUERTO RICO, 2009).

[19] MICHEL FOUCAULT, DISCIPLINE & PUNISH: THE BIRTH OF THE PRISON (1995).

[20] Id., págs. 237-238 (traducción suplida). Puede verse una versión digital en español en el siguiente enlace: http://www.ivanillich.org.mx/Foucault-Castigar.pdf en las págs. 217-219 (última visita 12 de enero de 2017).

El silencio obligado no siempre tiene una connotación negativa. El tenedor del privilegio se puede beneficiar del silencio impuesto a la persona obligada a guardar silencio. Un ejemplo más sobresaliente es el caso de la prohibición de las

expresiones de odio. Es un silencio impuesto que pretende evitar un daño: las heridas que infieren las palabras.[21]

Veamos ahora la segunda instancia del silencio como objeto de regulación jurídica: el derecho al silencio (o el silencio protegido).

En gran medida por la influencia del cine, la televisión y la novela policíaca el ejemplo de derecho al silencio más conocido en el mundo es el derecho a no incriminarse adoptado, de una forma u otra, por numerosas jurisdicciones nacionales y por las normas de derecho internacional.[22] Este es uno de esos asuntos puntuales que atañen a la relación entre derecho y silencio que ha generado una amplia literatura jurídica.[23] Por eso no me detendré en su análisis. Pero debo mencionar que el derecho a que no se comente el silencio del acusado en el proceso penal es tanto un ejemplo de silencio protegido como una manifestación de silencio compelido: una obligación de guardar silencio sobre el silencio. Puntualizado lo anterior, procedo con otros ejemplos menos conocidos.

Debe señalarse, en primer lugar, que si ya hemos convenido en que el silencio comunica algo es lógico proponer que merezca protección bajo la libertad de expresión reconocida en las constituciones de tantos países contemporáneos y en la profusa normativa internacional sobre derechos humanos.[24] De hecho, así es. Las doctrinas prevalecientes sobre la protección constitucional a la expresión simbólica en nuestro medio

---

[21] KATHERINE MACKINNON, ONLY WORDS (1993); MARI MATSUDA, ET AL., WORDS THAT WOUND: CRITICAL RACE THEORY, ASSAULTIVE SPEECH, AND THE FIRST AMENDMENT (1993); Barbara Applebaum, Social Justice, Democratic Education and the Silencing of Words that Wound, 32 Jou. of Moral Education 151 (2003); CONSTABLE, supra nota 5, págs. 68-71.

[22] Véanse Miranda v. Arizona, 384 U.S. 436 (1966); Eileen Skinnider and Frances Gordon, The Right to Silence – International Norms and Domestic Realities, ponencia presentada en la Sino Canadian International Conference on the Ratification and Implementation of Human Rights Covenants, Beijing, Octubre, 2001, http://icclr.law.ubc.ca/sites/icclr.law.ubc.ca/files/publications/pdfs/Paper1_0.PDF; Pacto Internacional de Derechos Civiles y Políticos, Art. 14(3).

[23] Véanse, por ejemplo, ERNESTO L. CHIESA APONTE, DERECHO PROCESAL PENAL: ETAPA INVESTIGATIVA (2006); ERNESTO L. CHIESA APONTE, DERECHO PROCESAL PENAL DE PUERTO RICO Y ESTADOS UNIDOS (1991); JULIO E. FONTANET MALDONADO, EL PROCESO PENAL DE PUERTO RICO (2008); STEVEN M. SALKY, THE PRIVILEGE OF SILENCE: FIFTH AMENDMENT PROTECTIONS AGAINST SELF-INCRIMINATION (2014); GARY L. STUART, MIRANDA: THE STORY OF AMERICA'S RIGHT TO REMAIN SILENT (2004).

[24] Véanse CONST. EE.UU., Enmienda Primera; CONST. PUERTO RICO, Art. II, Sec. 4; Declaración Universal de Derechos Humanos (1948), Art. 19; Pacto Internacional de Derechos Civiles y Políticos (1966), Art. 19(2); Pacto Internacional de Derechos Económicos, Sociales y Culturales, Arts. 1(a) y 3.

pueden leerse, al menos parcialmente, en este sentido, puesto que la expresión así denominada muchas veces consiste de elementos puramente visuales o gestuales que se despliegan de manera eminentemente silenciosa. Como sabemos, la doctrina vigente sobre libertad de expresión en los ordenamientos constitucionales estadounidense y puertorriqueño desfavorece la expresión compelida por el estado.[25] Es decir, reconoce un derecho general al silencio ante las pretensiones del estado de obligar a alguien a pronunciarse sobre algún asunto. En fin, la reglamentación de la expresión es también reglamentación del silencio.

El derecho al silencio constituye además un aspecto importante de otro derecho fundamental: el derecho a la intimidad. Así lo ha reconocido la jurisprudencia, especialmente la del Tribunal Supremo de Puerto Rico, que en este sentido ha ido (o se precia de haber ido) más lejos que la federal estadounidense.[26] Una de las dimensiones del derecho a la intimidad, según interpretado por los tribunales, es el derecho a no revelar información personal que se desee mantener en confidencia. Ello constituye en efecto un derecho constitucional al silencio sobre determinados asuntos. Después de casos como Lawrence v. Texas[27] y Obergefell v. Hodges[28] en Estados Unidos y Arroyo v. Rattan[29] y Figueroa Ferrer v. E.L.A.[30] en Puerto Rico, hay que entender que el derecho a la intimidad así como su corolario del derecho al silencio están estrechamente relacionados con el derecho al trato digno. Es curioso que un pensador, no jurista, como George Steiner, a quien ya he citado, haya expresado que para él la dignidad humana consiste en tener secretos.[31]

Otras modalidades del derecho al silencio – en su variante de derecho a la confidencialidad – pueden incluir el derecho al voto secreto y los secretos de negocios. Ello nos lleva a la consideración de otra posibilidad: el silencio como modo de participación política. Hay un derecho de los electores a guardar silencio: sobre cómo y por quién votan. Pero el silencio de los electores puede tener otras manifestaciones. La

---

[25] Véanse, West Virginia State Board of Education v. Barnette, 319 U.S. 624 (1943)(no se puede obligar a escolares de escuela pública a saludar y profesar lealtad a la bandera); Wooley v. Maynard, 430 U.S. 705 (1977)(no se puede castigar a una persona que rehúsa desplegar en la tablilla de su automóvil un mensaje dispuesto por el estado); Agency for International Development v. Alliance for Open Society International, 133 S.Ct. 2321 (2013)(no se puede poner como condición a organizaciones no gubernamentales recipientes de fondos federales para combatir la epidemia del HIV-SIDA que adopten una política de oposición a la prostitución). Pero véase, Rumsfeld v. Forum for Academic Rights and Institutional Rights, 547 U. S. 47 (2006) (amenazar con privar de fondos federales a instituciones universitarias que se nieguen a recibir a los reclutadores militares en sus instalaciones no constituye una violación de la libertad de expresión de dichas instituciones).
[26] Figueroa Ferrer v. E.L.A, 107 DPR 250 (1978); Arroyo v. Rattan, 117 DPR 35 (1986).
[27] Lawrence v. Texas, 539 U.S. 558 (2003).
[28] Obergefell v. Hodges, 135 S. Ct. 2584, (2015).
[29] Arroyo, supra nota 26.
[30] Figueroa Ferrer, supra nota 26.
[31] Borja Hermoso, George Steiner: "Estamos matando los sueños de nuestros niños", EL PAÍS, Babelia, En Portada, 1 julio 2016.

abstención, sobre todo cuando es masiva y en respuesta a objetivos definidos, puede resultar en un silencio ensordecedor que cause terremotos políticos. No es de extrañar que en algunos lugares esta práctica no se permita. El voto en blanco – esa otra manifestación del silencio político en las formas, pero solo en las formas – puede enviar mensajes de gran contenido colectivo. Recuérdense los efectos que tuvo el depósito de papeletas en blanco en el referéndum sobre el status político de Puerto Rico celebrado en el 2012. Hay un silencio avalado por el derecho electoral que puede resultar en un silencio político de gran significado.

El tercer modo de regulación jurídica del silencio puede calificarse como protección jurídica contra el silencio. Hay varios ejemplos posibles de esta modalidad. Mencionaré dos.

Pienso, en primer lugar, en el derecho a la información pública recogido expresamente en los ordenamientos jurídicos. Se trata en este caso de proveer protección jurídica de algún tipo – mediante recursos administrativos o judiciales – contra las pretensiones de silencio oficial. En segundo lugar, cabe referirse a los problemas planteados por la contratación del silencio en determinadas transacciones públicas y privadas. Es el caso de quienes acuerdan, mediante contrato, que no se revelará cierta información. La práctica se ha generalizado en los ámbitos del entretenimiento, la publicidad, los acuerdos de intercambio comercial y otros, incluidas ciertas transacciones judiciales y extra-judiciales en torno a reclamaciones por hostigamiento sexual, acoso laboral y asuntos parecidos. ¿Deben considerarse esos acuerdos contrarios a la política pública, sobre todo cuando hay organismos gubernamentales involucrados? ¿Sobre qué bases? ¿Hasta qué punto?

La cuarta categoría de la indagación sobre el silencio como objeto de regulación jurídica se refiere a la atribución que hace el derecho de ciertas consecuencias jurídicas al fenómeno del silencio. En esos casos se trata de normas jurídicas explícitas sobre qué consecuencias asignarle al hecho de callar.

Por su efecto transversal en todo el ordenamiento, el más destacado ejemplo de lo anterior en el derecho puertorriqueño, con equivalencias en otros sistemas jurídicos, es la disposición del Artículo 7 del Código Civil. Lee como sigue:

El tribunal que rehúse fallar a pretexto de silencio, obscuridad, o insuficiencia de la ley, o por cualquier otro motivo, incurrirá en responsabilidad.

Cuando no haya ley aplicable al caso, el tribunal resolverá conforme a equidad, que quiere decir que se tendrá en cuenta la razón natural de acuerdo con los principios generales del derecho, y los usos y costumbres aceptados y establecidos.[32]

La primera oración impone responsabilidad al tribunal que rehúse fallar a pretexto de silencio. La segunda prescribe qué debe hacer el tribunal cuando el derecho mismo guarde silencio sobre un asunto. Se deberá acudir a la equidad, según definida en el Código. Sobre las implicaciones más amplias de este mandato diremos algo más adelante.

---

[32] Código Civil de Puerto Rico, Art. 7.

Otras instancias en que el derecho dictamina los efectos jurídicos del silencio de los sujetos o de los operadores del derecho incluyen las disposiciones sobre admisiones tácitas, la tácita reconducción, la no impugnación de la paternidad dentro del plazo prescrito, las normas de prescripción, las doctrinas prevalecientes en algunas jurisdicciones sobre el silencio administrativo y otras por el estilo. Hay más ejemplos. Pero baste con los mencionados para dar una idea de lo que he querido decir.

II. El Silencio como Referente Hermenéutico

Lo que está planteado en esta línea de investigación es el problema de la interpretación jurídica. La interpretación es el proceso de asignación de significados a una acción, un acontecimiento, un texto o cualquier otro fenómeno que forme parte del mundo social en el que nos desenvolvemos. No me refiero aquí a los casos en que el derecho mismo le atribuye explícitamente consecuencias al silencio, como los que hemos examinado en la discusión inmediatamente anterior, sino de situaciones en que el derecho nada dice sobre el particular y el intérprete se enfrenta a la tarea de atribuirle significado a ese hecho. Esta indagación procuraría, pues, discernir qué lugar ha ocupado y ocupa el silencio en el proceso de interpretación jurídica. Más concretamente la pregunta sería: ¿Qué significa jurídicamente no decir? ¿qué repercusiones normativas tiene o debe tener el silencio a juicio del intérprete?

Debemos comenzar examinando algunos efectos que el silencio tiene en el proceso hermenéutico mismo. En primer lugar, el silencio en el derecho agudiza la necesidad de interpretación. La laguna que el silencio deja a veces requiere llenarse con alusiones a otras partes del texto, al expediente legislativo, a la estructura de la que forma parte, a las prácticas que ha propiciado, a la historia de su origen y su aplicación o al contexto en el que el texto se produjo y aquel en el que ahora se interpreta. Pero también podría exigir que se tome en cuenta el hecho mismo de que se ha guardado silencio como indicio de la intención del generador de la norma.

En segundo lugar, el silencio del derecho amplía la discreción del intérprete – circunstancia que, en el caso de la actividad judicial, puede tener repercusiones en la aplicación de principios generales como los del federalismo o la separación de poderes, por mencionar solo dos. Paul Ricouer, filósofo que ha dedicado tiempo a examinar la naturaleza del acto de juzgar y de los procesos de interpretación jurídica, ha señalado cómo el silencio de la norma es precisamente una de las condiciones que ayudan a generar esos "casos difíciles" a los que se refiere Ronald Dworkin[33] y que, según el teórico estadounidense, autorizan a los jueces a acudir a sus propias nociones de filosofía moral y política para solucionar controversias.[34]

En tercer lugar, toda interpretación ocurre sobre el trasfondo de silencios profundos y generalizados. Las culturas, incluida la cultura jurídica de un lugar determinado,

---

[33] PAUL RICOEUR, LO JUSTO 177 (1995).
[34] RONALD DWORKIN, A MATTER OF PRINCIPLE (1985); RONALD DWORKIN, TAKING RIGHTS SERIOUSLY (1977).

operan sobre la base de esos silencios. Hay cosas en cada cultura que se dan por senta-
das, que no tienen que decirse. Son el conjunto de entendidos básicos prevalecientes
en cada comunidad interpretativa. De hecho, la comprensión de otras culturas depende
mucho de que podamos descifrar el significado de sus silencios. En cierto modo, a eso
es a lo que se refiere el constitucionalista Laurence Tribe cuando habla de la constitución "invisible": ese núcleo de principios básicos que no tienen mención expresa en el
texto de la Constitución, pero que forman parte del andamiaje constitucional.[35]

Más aún, las decisiones e interpretaciones jurídicas, tanto de los jueces como de
otros operadores, se sustentan con frecuencia en teorías jurídicas y acercamientos me-
todológicos que no se explicitan. Eso es parte de la noción de la premisa inarticulada a
la que aludía el Juez Oliver Wendell Holmes.[36] Ronald Dworkin hace extensiva esa
operación silenciosa a todo el campo de la teoría jurídica y a toda la jurisprudencia
cuando afirma: "La teoría del derecho es la parte general de la adjudicación, prólogo
silente de cualquier decisión jurídica".[37] Buena parte de mis cursos de Teoría del Derecho y Derecho Constitucional se dedica a estimular a las y los estudiantes a identificar
y dilucidar el significado de ese sustrato silente de la jurisprudencia y otros textos jurídicos.

Tanto en la tradición civilista como en la del "common law", el debate metodológi-
co – es decir, los posicionamientos sobre las estrategias, métodos y técnicas que deben
utilizarse para atribuir significado a las normas y principios jurídicos – ha tendido a
girar en torno a la tensión entre el formalismo (en sus diversas manifestaciones) y su
contraparte, el antiformalismo jurídico, adoptado por corrientes como las teorías socio-
lógicas alemanas o el realismo jurídico estadounidense y escandinavo y, más tarde, por
teorías críticas como las del movimiento de estudios jurídicos críticos, el feminismo, la
"critical race theory", el posmodernismo, las teorías jurídicas poscoloniales y el llamado neo-pragmatismo estadounidense. Si se mira bien, el formalismo encierra una forma de silencio obligado. Postula que, para que sea válida, la argumentación jurídica
debe quedarse dentro de las cuatro paredes del ordenamiento, aplicando métodos como
la deducción lógica, la inducción mecánica, la analogía, la lectura literal de los textos o
el uso riguroso del precedente, que dejen fuera toda consideración histórica, social o
cultural, así como toda apreciación de las circunstancias particulares de los afectados
por la norma y toda referencia a valores que no sean los estrictamente asumidos por el
derecho promulgado. Es decir, según los formalistas, esos son asuntos sobre los que no
se debe hablar al momento de atribuir significado a la norma que se aplica a un caso
particular. Los anti-formalistas, por su parte, pugnan porque el razonamiento de los
juristas, particularmente los jueces, no deje fuera esas consideraciones, es decir, procu-

---

[35] LAURENCE H. TRIBE, THE INVISIBLE CONSTITUTION (2008).

[36] Oliver Wendell Holmes, The Path of the Law, 10 HARV. L. REV. 457 (1897).

[37] RONALD DWORKIN, LAW'S EMPIRE 90 (1986). Ver a JENS ZIMMERMAN, HERME-
NEUTICS (2015) a la pág. 110: "In making his ruling, a judge intuitively draws on many as-
sumptions that do their work quietly in the background, such as the language, legal concepts, and
moral expectations of his tradition".

ran compeler al derecho a hablar de historias personales, contextos, consecuencias y efectos. Abogan porque no se guarde silencio sobre esos particulares.

Uno de los esfuerzos de interpretación jurídica más frecuentes es el de determinar cuándo una norma, una regla o una doctrina han quedado derogadas, reafirmadas o establecidas sub-silentio bien por el cuerpo legislativo o por el tribunal. En Common-wealth of Puerto Rico v. Franklin,[38] el llamado caso de la quiebra criolla, resuelto por el Tribunal Supremo de los Estados Unidos mediante opinión suscrita por el Juez Asociado Clarence Thomas, encontramos un buen ejemplo. El Tribunal no menciona en absoluto los Casos Insulares ni discute la condición política de Puerto Rico al amparo de esa jurisprudencia. Sin embargo, al confirmar que el Congreso excluyó válidamente a Puerto Rico del Capítulo 9 de la Ley Federal de Quiebras, la mayoría supuso, sin decirlo, que Puerto Rico está excluido de las exigencias de la cláusula de uniformidad de la disposición constitucional que otorga poder al Congreso para legislar sobre el tema de la bancarrota en ese país.[39] Sub-silentio, el Tribunal reafirma el razonamiento contenido en los Casos Insulares que conduce a la conclusión de que el Congreso tiene poderes plenos para legislar sobre el territorio de Puerto Rico – parte central de la doctrina de los Casos Insulares – y que puede hacer con Puerto Rico lo que no podría respecto de los estados.

En una opinión concurrente que acompaña la decisión del Tribunal de Apelaciones para el Primer Circuito en ese mismo caso de Franklin, el Honorable Juez Juan B. Torruella, miembro distinguido de esta Academia, ofrece una interpretación interesante del silencio absoluto que hay en el récord legislativo sobre las razones que motivaron al Congreso para excluir a Puerto Rico de la Ley Federal de Quiebras en 1984. Ese silencio denota arbitrariedad, concluye el Juez. De modo que la susodicha exclusión legislativa no sobrevive ni siquiera el laxo criterio de razonabilidad que el caso de Harris v. Rosario, resuelto en 1980, le exige al Congreso a la hora de dispensarle un trato diferente a Puerto Rico.[40] La exclusión, por lo tanto, resulta inconstitucional. Cito dos referencias específicas de la opinión concurrente del Juez Torruella que se refieren a este asunto. Dice: "Ignorar ese silencio resulta chocante si se toma en cuenta que la tarea principal de los tribunales al interpretar cambios en las leyes de quiebras consiste en examinar cuidadosamente el texto estatutario y las justificaciones del Congreso".[41] Más adelante, refiriéndose a la falta de explicación del Congreso para sustraer a Puerto Rico de la cubierta del Capítulo 9, afirma: "Hay un silencio hermético en cuanto a las controversias e interrogantes que normalmente surgirían y se discutirían cuando se deroga una disposición que ha sido parte del Código de Quiebras por casi medio siglo, y cuya eliminación habría de afectar a millones de ciudadanos de los Estados Unidos."[42] De ser adoptado este razonamiento por el Tribunal Supremo de los Estados

---

[38] Commonwealth of Puerto Rico v. Franklin California Tax-Free Trust, 579 U.S. ____ (2016).
[39] CONST. EEUU, Art. I, Sec. 8, cl. 4.
[40] Harris v. Rosario, 446 U.S. 651 (1980).
[41] Franklin California Tax-Free v. Commonwealth of Puerto Rico, No. 15-1218 (1st Cir. 2015) (op. concurrente Juez Juan B. Torruella), pág. 60.
[42] Id., a la pág. 62.

Unidos en algún momento, la consideración del silencio de la rama legislativa como criterio para determinar la razonabilidad de sus actuaciones abriría nuevas posibilidades en la evaluación de la constitucionalidad de las acciones del Congreso respecto de Puerto Rico y los demás territorios.

Otro ejercicio común de interpretación constitucional es el de descifrar cuándo el silencio de una de las ramas de gobierno o de determinados actores, públicos o privados, constituye aceptación o rechazo de cierta práctica gubernamental. Examinemos algunos ejemplos someramente.

En Youngstown v. Sawyer, resuelto en 1952,[43] el Tribunal Supremo de los Estados Unidos interpreta el silencio del Congreso sobre el tema de la incautación de molinos de acero por el Ejecutivo como indicio de su desautorización de esa práctica.[44] En contraste con Youngstown, en Dames & Moore v. Regan, resuelto en 1981,[45] el Tribunal valida una orden del Presidente que suspendía toda reclamación pendiente en los tribunales de Estados Unidos sobre los bienes y activos relacionados con Irán argumentando que, como el Congreso no lo había desautorizado, el Presidente había actuado correctamente. Es decir, el Tribunal, citando a Youngstown como autoridad, concluye, distinto a éste, que el silencio del Congreso equivalía a autorización. En una decisión más reciente, American Insurance Association v. Garamendi, resuelto en el 2003, el Tribunal, citando jurisprudencia anterior, dice expresamente: "en las áreas de política exterior y seguridad nacional...el silencio del Congreso no debe equipararse con la desautorización [del Presidente]."[46]

En Franklin v. Commonwealth, ya citado, se alude a la cláusula de desplazamiento expreso de la Ley Federal de Quiebras que prohíbe a los estados aprobar su propio estatuto de bancarrotas. El Juez Thomas concluye que como el Congreso no dijo nada sobre la posible exclusión de Puerto Rico de esa disposición (es decir, guardó silencio sobre el particular) había que interpretar que el Congreso no tuvo la intención de excluir a Puerto Rico del efecto de dicha cláusula de desplazamiento, con el resultado que ya conocemos. Puerto Rico no podía adoptar su propia ley de quiebras.

En Lynch v. Donnelly[47] el Tribunal Supremo estadounidense validó la exhibición pública de una estampa del nacimiento del Niño Jesús durante las fiestas navideñas por parte de un gobierno municipal determinando que en el contexto específico del caso esa acción no constituía una violación del principio de separación de iglesia y estado. Un crítico de la decisión escribió: "En Lynch, la Corte apoyó su conclusión notando

---

[43] Youngstown Sheet & Tube Co. v. Sawyer, 343 U.S. 579 (1952).

[44] De hecho, el esquema de tres niveles desarrollado por el Juez Jackson en su famosa opinión concurrente en ese caso – que ha sido adoptado por mayorías sucesivas del Tribunal para resolver conflictos de separación de poderes entre el Ejecutivo y el Legislativo –se basa en buena medida en el análisis de los silencios del Congreso en torno a las pretensiones y prácticas ejecutivas.

[45] Dames & Moore v. Regan, 453 U.S. 654 (1981).

[46] American Insurance Association v. Garamendi, 539 U.S. 396, 429 (2003). Ver Haig v. Agee 453 U.S. 280, 291 (1981).

[47] Lynch v. Donnelly, 465 U.S. 668 (1984).

que [nadie] se había quejado sobre el nacimiento aun cuando se había estado exhibiendo durante cuarenta años. Para la Corte ese silencio significaba que el nacimiento no había generado disensión. [La] Corte ignoró la posibilidad [de que] el imperialismo cultural cristiano había producido el silencio de los miembros de otros grupos religiosos. El silencio a veces demuestra dominación, no consenso".[48]

Tomadas en conjunto, estas y otras opiniones del Tribunal Supremo de Estados Unidos no ofrecen criterios coherentes para determinar cuándo el silencio debe interpretarse como aceptación o como rechazo. La pregunta, por supuesto es, si eso será posible. Pues, al igual que ocurre con lo que se dice expresamente, el significado de lo que no se dice muchas veces dependerá del contexto. Quién y cómo determina cuáles son los elementos pertinentes que configuran ese contexto es también de suma importancia. Nos encontramos de nuevo, pues, ante el discutido problema de la indeterminación del derecho y de la actividad que necesariamente acompaña su puesta en vigor: la interpretación. Quizás por ello, no pueda decirse que el silencio tiene un significado inherente, mucho menos en el derecho, y solo pueda afirmarse lo que han advertido Wittgenstein sobre las palabras y Hart, siguiendo a éste, sobre los conceptos jurídicos: que lo más práctico es discernir cómo se han utilizado en determinado contexto.[49] Hablaríamos así, pues, de los usos del silencio en el derecho en distintos momentos, circunstancias, lugares y culturas.

III. Los Efectos Sociales de los Silencios del Derecho

Este aspecto de la indagación tendría el propósito de describir y explicar críticamente el efecto de los pequeños y grandes silencios del derecho en la configuración del mundo social. La propuesta descansa en la asunción de lo que algunos hemos llamado la teoría constitutiva del derecho: es decir, la proposición de que el derecho contribuye a la construcción o reproducción de visiones de mundo, identidades y relaciones y prácticas sociales. El cúmulo de planteamientos teóricos que se inscriben en esta corriente debe mucho a lo que se conoce como el giro lingüístico en la filosofía y las ciencias sociales en general. Destaca en los inicios de ese desarrollo la obra del filósofo británico John L. Austin, quien, en su famoso libro Cómo hacer cosas con las palabras,[50] demuestra convincentemente cómo el lenguaje, al decir, o porque dice, tiene el efecto de hacer. Así, por ejemplo, cuando se dice "prometo" se hace algo más que decir: se lleva a cabo la acción de comprometerse a hacer algo. Ello crea una situación nueva entre el hablante y el destinatario de la comunicación. Eso es lo que Austin llama el performative power de las palabras, lo que se ha traducido al castellano con los neologismos "poder realizativo" o, peor sonante aún, "poder performativo" del

---

[48] S. Feldman, Principle, History, and Power: The Limits of the First Amendment Religion Clauses, 81 IOWA L. REV. 833, 863 (1996).
[49] LUDWIG WITTGENSTEIN, PHILOSOPHICAL INVESTIGATIONS (1953); H.L.A. HART, THE CONCEPT OF LAW (1961).
[50] JOHN L. AUSTIN, CÓMO HACER COSAS CON LAS PALABRAS (2016) [1962].

lenguaje. Austin siempre pensó que el discurso jurídico era el ejemplo paradigmático de esta fuerza constructora del lenguaje. El efecto configurador del derecho incluye eso que, siguiendo a Austin, el sociólogo Pierre Bourdieu llamó "el poder de nombrar".[51]

De modo que el derecho hace cuando dice. Lo que ha sido menos explorado es lo que el derecho hace cuando no dice. En ese caso podríamos hablar del efecto realizativo o performativo del silencio del derecho. Es decir, se trata de la conciencia de que los silencios del derecho tienen o pueden tener consecuencias sociales. Preguntarse sistemática y críticamente por esas incidencias silenciosas del derecho en el mundo social abre vías de investigación de gran calado.

Paso a sugerir varias posibilidades.

Un efecto primordial del silencio en el derecho es la generación de invisibilidades. Otro, la producción de ausencias. Y un tercero, la configuración de marginaciones, exclusiones y relaciones de subordinación y dominación. El no nombrar a ciertos sujetos muchas veces redunda en su exclusión de las protecciones jurídicas disponibles para los que sí son nombrados. El derecho construye un imaginario normativo en el que están ausentes ciertos sujetos. Pero no solo se trata de imaginarios truncos. Sino también de verdaderas exclusiones materiales. Desde el derecho se han creado mundos laborales y políticos, espacios culturales y públicos, sin mujeres, sin personas negras, indígenas, extranjeras o que exhiban funcionalidades diversas y sin personas con orientaciones o identidades de género no tradicionales. A veces la exclusión o marginación es expresa, como en el caso de las leyes de segregación racial. Otras, el fenómeno acontece mediante la resistencia del derecho a nombrar a las personas afectadas como agentes dotados de dignidad y, por tanto, merecedoras de igual respeto y consideración. Quizás las más de las veces el efecto se logra mediante una compleja combinación de prescripciones expresas y silencios deliberados. Estas exclusiones, a su vez, imponen silencios, por lo menos públicos, a los que padecen el discrimen. Ese ha sido el caso de la criminalización y desprotección jurídica de las relaciones íntimas entre personas del mismo sexo, por mencionar solo un ejemplo.

Otro efecto social de las diversas interacciones entre el silencio y el derecho lo constituye la exclusión de ciertas voces del discurso público o del proceso de formación del discurso jurídico mismo. Una situación que nos toca de cerca es la de la supresión de las voces de las poblaciones colonizadas. El colonialismo entraña, de diversas formas, la privación de la voz en el proceso de elaboración por la metrópoli de las normas que rigen a la población subordinada. En el caso de Puerto Rico el fenómeno se ha manifestado históricamente con la imposición de leyes orgánicas y ordinarias – como las Leyes Foraker y Jones, las leyes de cabotaje o la reciente aprobación de PROMESA. También ha tomado forma en la ausencia de voz efectiva en el cuerpo generador de esa legislación, en el silencio impuesto por la supresión del voto, en la exclusión de nuestra

---

[51] Pierre Bourdieu, The Force of Law: Toward a Sociology of the Juridical Field, 38 HASTINGS L. J. 805 (1987).

presencia y voz en los organismos regionales e internacionales y efectos por el estilo. Esta situación condena a Puerto Rico no solo a un tipo de invisibilidad, sino a una modalidad de silencio impuesto que ocasiona que aun cuando hablemos no se nos oiga y si se nos oye no se nos escuche. La falta de voz es falta de poder. Es también una distorsión aguda del principio democrático. Esta relación entre silencio, poder y democracia debe explorarse con más detenimiento. El largo silencio de la literatura constitucional de Estados Unidos sobre los Casos Insulares fue una forma de hacer invisible la existencia de relaciones coloniales en el sistema constitucional estadounidense ante los ojos de los cultivadores más prominentes y prestigiosos de esa literatura. Fue ese silencio el que algunos nos dimos a la tarea de perturbar desde hace ya varios años. La abundante literatura producida por la teoría jurídica poscolonial en el resto del mundo también ha dedicado parte de su análisis a las posibilidades de expresión de las poblaciones subalternas largamente silenciadas.[52]

Desde hace décadas las diversas corrientes feministas han planteado con claridad cómo la exclusión de las voces de las mujeres, situadas en sus diversos contextos, configurados por factores como la clase, la raza, la etnia, la pobreza, la orientación sexual, la identidad de género y otros, ha constituido parte de los procesos mediante los cuales se han creado las relaciones y prácticas que producen y reproducen el sistema patriarcal, el sexismo y la discriminación. De ahí que sus metodologías de análisis y lucha hayan incluido prominentemente la creación de mecanismos que permitan hacer aflorar las voces de las mujeres.[53]

De hecho, todas las luchas de inclusión son pugnas por hacer visibles las marginaciones y opresiones y por darle expresión a los grupos y a los reclamos condenados a la invisibilidad producida por el silencio. Con esas luchas a veces se procura que cese el silencio del derecho sobre determinados asuntos: como cuando se reclama que reconozca expresamente ciertos derechos que se entienden fundamentales. Otras se busca lo contrario: que el derecho calle. Como cuando se exige que deje de prohibir determinadas prácticas. Aún otras veces se persigue que el derecho deje de decir lo que dice para que diga otra cosa: como cuando se reclamó que el Código Civil eliminara el concepto de ilegitimidad de los hijos e hijas y proclamara la igualdad jurídica de toda la progenie.

---

[52] Véanse, Eve Darian-Smith, Postcolonial Theories of Law, in REZA BANAKAR AND MAX TRAVERS (eds.) AN INTRODUCTION TO LAW AND SOCIAL THEORY 247-264 (2013); Alpana Roy, Post-Colonial Theory and Law: A Critical Introduction, 29 Adelaide Law Review 315 (2008); PETER FITZPATRICK AND EVE DARIAN-SMITH (eds.), Laws of the Postcolonial (1999).

[53] Véanse, por ejemplo, Esther Vicente, Los feminismos y el derecho: ¿contradicción o interconexión?, 36 REV. JUR. UIPR 363 (2002); MARÍA ÁNGELES DURÁN, SI ARISTÓTELES LEVANTARA LA CABEZA (2001); Lucinda M. Finley, Breaking Women's Silence in Law: The Dilemmas of the Gendered Nature of Legal Reasoning, 64 NOTRE DAME L. REV. 886 (1989).

Procede incluir en esta tercera línea de investigación – aunque tiene tangencias importantes con las otras -- la relación entre el derecho y la justicia. En uno de los pocos libros que pretende abordar de forma sistemática el tema de los silencios del derecho, tomando como hilo conductor su conexión con la justicia, la profesora de retórica de la Universidad de California en Berkeley, Marianne Constable se plantea qué ocurre cuando el derecho guarda silencio sobre la justicia.[54] Esta posibilidad quedó agudizada desde fines del Siglo XIX y principios del XX con el surgimiento y afianzamiento del positivismo como teoría jurídica. Hay que recordar que dos de las figuras más prominentes del positivismo europeo, el británico John Austin – el jurista, no el filósofo del lenguaje al que hice referencia anteriormente – y el austríaco Hans Kelsen postularon la separación entre el derecho y la justicia: según ellos, el derecho es lo propio de la ciencia jurídica, la justicia pertenece al ámbito de la moral.[55] El iusnaturalismo rechazaba esta distinción. Constable se pregunta: si el derecho deja de hablar de la justicia, ¿caerá ésta en el olvido? ¿conducirá ese silencio a la decadencia del derecho? ¿emergerá un nuevo tipo de derecho? ¿qué clase de derecho sería?[56] La autora se decanta a favor del entendido de que existe una conexión necesaria entre derecho y justicia. Me permito recordar que hoy día no hay que ser iusnaturalista para simpatizar con este planteamiento. El positivista británico H.L.A. Hart terminó aceptando la necesidad de que los ordenamientos positivos contengan por lo menos un grado mínimo de moralidad. El discurso contemporáneo de los derechos humanos actúa como referente para quienes procuran anclar los reclamos de derechos más allá del derecho positivo de los ordenamientos jurídicos existentes. Por su parte, Jacques Derrida concluye que el derecho necesita a la justicia tanto como la justicia al derecho, aunque no sean la misma cosa.[57] Para Derrida la justicia precisa del derecho para intentar hacerse realidad mediante su concreción en la norma promulgada. Por otro lado, el derecho debe aspirar a la justicia, aunque la justicia siempre quede diferida, es decir, existente solo como aspiración, tan pronto su contenido se incorpore a la norma positiva. Se trata, pues, de un esfuerzo constante por materializar en el derecho la justicia elusiva. De ahí la posibilidad de que la idea de la justicia por venir se convierta en una fuerza transformadora del derecho existente.

Estos posicionamientos diversos reflejan una tensión. La tensión generada, por un lado, por nuestra comprensión de que la justicia no se agota en el derecho – por lo que a veces habrá que acudir más allá del derecho para lograr el resultado justo – a la vez que, por el otro, nos resistimos a prescindir del derecho por temor a faltarle a la justicia. De ahí tal vez surja el planteamiento central del libro de Constable: que en el momento presente quizás la única posibilidad de la justicia resida en lo que el derecho no

---

[54] CONSTABLE, supra nota 5, a las págs. 6-7.

[55] JOHN AUSTIN, THE PROVINCE OF JURISPRUDENCE DETERMINED (1832); HANS KELSEN, GENERAL THEORY OF LAW AND STATE (1946).

[56] CONSTABLE, supra nota 5, a la pág. 7.

[57] Jacques Derrida, Force of Law: The Mystical Foundation of Authority, 11 CARDOZO L. REV. 920 (1989-1990).

dice, es decir, en los silencios del derecho. Pues el silencio del derecho nos obliga a buscar soluciones que no preveíamos, más ajustadas a las exigencias del momento presente y a las particularidades de los hechos y circunstancias en cuestión. Constable escribe desde el interior de la cultura del derecho común anglo-americano. Sin embargo, su intuición podría encontrar reafirmación en lo dispuesto en el Artículo 7 del Código Civil de Puerto Rico, ya citado. Cuando el derecho guarde silencio deberá acudirse a la equidad. He ahí una puerta abierta a la posibilidad de la justicia. A veces, pues, la justicia dependerá de que el derecho calle.

IV. El Silencio como Elemento Constitutivo del Derecho

Esta línea de investigación se preguntaría hasta qué punto el silencio es un elemento constitutivo del derecho: en qué medida es una de sus características. Esta indagación cala más profundamente que simplemente preguntarse cómo el derecho regula el silencio, qué papel desempeña el silencio en su interpretación o qué efectos sociales pueden tener los silencios del derecho. Interroga más bien el carácter mismo del derecho como fenómeno social. Veamos.

Del lenguaje se ha dicho que consiste de palabras y de silencios.[58] Lo mismo se ha afirmado de la poesía.[59] De la música sabemos que importan tanto sus silencios como sus sonidos. Algo parecido puede afirmarse del derecho: consta tanto de palabras como de silencios. Ello es así no solo porque el derecho se cuenta entre los fenómenos lingüísticos, sino también porque su modo de operar depende mucho del silencio. Lo hemos constatado ya al examinar el lugar del silencio en la interpretación jurídica y al analizar los diversos efectos sociales del silencio del derecho. Pero hay otros aspectos que lo confirman. Por ejemplo, todos los rituales jurídicos – ocurran en el tribunal, en los organismos administrativos, en los despachos notariales, en los cuarteles de policía y las fiscalías o en los procesos de negociación, arbitraje o mediación – tienen sus momentos de silencio cuya infracción puede acarrear serias consecuencias. El silencio es también una estrategia de litigio de suma importancia.

Pero quizás la mejor razón para considerar al silencio como fenómeno constitutivo del derecho es el hecho de que muchas veces la ley opera silenciosamente, ocultando su existencia, como diría Foucault,[60] y sus silencios son parte de lo que comunica. Foucault se refiere a la ley como ese "pensamiento del afuera" que nos envuelve y que reafirmamos cotidianamente sin que nos demos cuenta.[61] A cada paso hacemos que se cumpla una norma (no invadimos la propiedad ajena, nos detenemos ante un semáforo, le entregamos la licencia de conducir al policía que nos la requiere, pagamos los impuestos, no agredimos físicamente al prójimo). Todo ello termina haciéndose como si

---

[58] STEINER, supra nota 8.
[59] FRANCISCO JOSÉ RAMOS, LA SIGNIFICACIÓN DEL LENGUAJE POÉTICO (2012).
[60] MICHEL FOUCAULT, EL PENSAMIENTO DEL AFUERA (1997) [1966], Cap. 5: "Dónde está la ley, qué hace la ley?, en las págs. 43-54.
[61] Id.

fuera de sentido común y se convierte en parte de nuestro quehacer personal y nuestras prácticas sociales. Yo añadiría que también se trata de un pensamiento del "adentro", en la medida en que la norma se va convirtiendo en parte de nuestros contenidos de conciencia.[62] La efectividad del derecho consiste en su poder para hacerse cumplir silenciosamente tanto o más que en su capacidad para hacerse respetar mediante la violencia oficial. Aún en este último caso, la violencia no opera solo como acto que se realiza sino como amenaza que late en el imaginario colectivo sin necesidad de que se le exprese abiertamente.[63] En El Proceso Kafka se refiere a una ley que no se conoce, una ley que se imagina, pero que aun así se experimenta.[64] Es decir, la ley cuyos efectos se materializan silenciosamente. En fin, el silencio es tan parte del derecho como sus palabras.

V. CONCLUSIÓN

En esta conferencia he tratado de explorar la relación estrecha que existe entre el derecho y el fenómeno del silencio. He sugerido cuatro aspectos de esa relación que pueden considerarse, a su vez, cuatro posibles líneas de investigación que conduzcan a una mayor comprensión del fenómeno jurídico. Estas indagaciones pueden tener un carácter transversal, pues el tema guarda conexión con todas las disciplinas jurídicas y se presta para análisis comparados entre sistemas y ordenamientos diversos, tanto nacionales como transnacionales. Concierne, además, a los procesos legislativos, judiciales y administrativos, a todo tipo de práctica jurídica y a las intervenciones de diversos tipos de agentes, sean operadores jurídicos oficiales, individuos o entidades particulares que realizan actos que tienen consecuencias jurídicas o a quienes el derecho afecta de una forma u otra. La temática explorada en este trabajo es decididamente parcial. Hay numerosos asuntos que no he mencionado que ameritarían atención.

Lo que propongo es que convirtamos al silencio en categoría de análisis jurídico, de modo que incorporemos su examen en nuestra docencia, nuestras investigaciones, nuestras publicaciones y nuestra práctica en la medida de lo pertinente. Tras haberme interesado por este tópico he comprobado que las ocasiones surgen con mayor frecuencia de lo que uno se imagina y cuando uno menos se lo espera.

He dicho antes que en todo protocolo hay momentos para hablar y momentos para callar. En esta ceremonia ha llegado el momento de que yo calle, es decir guarde silencio, para que el acto prosiga y sean otros los que hablen.

---

[62] He tratado este tema en Efrén Rivera Ramos, Derecho y subjetividad, 5-6 FUNDAMENTOS 125 (1997-98).

[63] Sobre la relación entre derecho y violencia puede verse Efrén Rivera Ramos, Reflexiones bajo el influjo de una violencia extrema, en VIOLENCIA Y DERECHO (Seminario en Latinoamérica de Teoría Constitucional y Política – SELA) (2003), a las págs. 3-14.

[64] FRANZ KAFKA, THE TRIAL 13 (2012) [1925].

CONTESTACIÓN AL DISCURSO "EL DERECHO Y EL SILENCIO" DEL NUMERARIO EFRÉN RIVERA RAMOS

Antonio García Padilla[1]

Se estrenó en la Ciudad del Vaticano y hoy se exhibe por todo el mundo Silencio, la estupenda película de Martín Scorsese.

A poco de presentarse el film a San Juan, Efrén Rivera Ramos ha puesto el silencio en la agenda de discusión de la comunidad jurídica puertorriqueña en el discurso que acaba de leer esta noche. No hay que descartar que nos encontremos frente al surgimiento silvestre de una especie de happening temático que "en silencio" busca abrazar a esta capital.

De hecho, algunos colegas me sugerían abonar al crecimiento de esa ola: proponían que esta noche aquí se invitara a algún pianista de renombre a interpretar la celebrada composición de John Cage, el músico norteamericano, en la que el intérprete debe permanecer "en silencio" sin siquiera poner sus manos sobre el teclado por los 4 minutos y 33 segundos que duran los tres movimientos de la pieza. Desafortunadamente, la Academia no pudo identificar los recursos necesarios para alquilar y hacer afinar el piano de conciertos que requeriría la festejada obra de Cage.

De manera que el tema de esta noche – el silencio – se mantendrá por el momento en los tapetes del derecho. No son pequeños esos escenarios, como tampoco son tímidas las dimensiones del silencio que ha explorado Rivera Ramos en su discurso.

Efrén Rivera Ramos ubica el tema de su presentación en los distendidos territorios en los que el silencio, como suceso, tiene consecuencias significativas. El silencio es un fenómeno múltiple – observa el nuevo numerario – por los factores que lo producen y por los sentidos variados que le atribuimos. Su discurso de hoy, como hemos visto, se dirige precisamente a examinar esos factores y esos sentidos.

El ponente observa que el ambiente de nuestros días parece gustar más de los ruidos que de los silencios, del hablar que del callar. No está solo en su observación nuestro nuevo académico. La falta de silencio y el volumen del ruido abruman a nuestras comunidades contemporáneas. A la llamada "contaminación de ruido" se le atribuyen muchos males: patologías de agresión, disturbios de sueño, fatiga, estrés, e hipertensión. El Código de Estados Unidos dedica todo un capítulo al control de la contaminación de ruido. Estados y municipalidades se mueven también a la atención del problema.

[1] Presidente de la Academia Puertorriqueña de Jurisprudencia y Legislación; Decano (1986–2000) y Decano Emérito de la Escuela de Derecho de la Universidad de Puerto Rico (2009 al presente); Presidente de la Universidad de Puerto Rico (2001–09).

Aun en los espacios religiosos donde el recogimiento parecía ser la regla, la valoración del silencio no aparenta estar muy de moda en nuestros días. Hace apenas un año, el 30 de enero de 2016, que L'Osservatore Romano, el periódico oficial del Vaticano, citó al Cardenal Prefecto de la Congregación sobre el Oficio Divino, el francoguayanés Robert Sarah, en un fuerte regaño a obispos y sacerdotes católicos por el chachareo "casi sacrílego" que montan en las sacristías de los templos y aun en las procesiones litúrgicas, en vez de recogerse y contemplar "en silencio" – dice Su Eminencia – el significado de los ejercicios que han de celebrar. Con un "¡cállense!", parece reprenderles el prelado desde lo alto de los romanos dicasterios.

Pero no es al silencio contemplativo, asceta, apreciado o menospreciado en la manera en que en estos tiempos vivimos la vida, al que se ha referido el nuevo académico esta noche. Ello así, aunque transpira la ponencia – sin perceptible esfuerzo de ocultación o disimulo – la fascinación del ponente con la silente contemplación de los adentros vitales. Se me ocurre que se cuela en la ponencia un tipo de complicidad lúdica entre la manera en que el nuevo académico se acerca al silencio como experiencia vital y su interés intelectual por el silencio y sus múltiples traducciones en el aparato jurídico. No es de extrañar esa conexión. El silencio y la reflexión en torno a lo esencial han estado de muchas maneras vinculados, al punto que se le atribuye a Pitágoras proponer que el silencio es "la primera piedra del templo de la filosofía".

Mas, sea como sea, lo que interesa al autor hoy es otra cosa. Como acabamos de ver, el ponente se fija primero, en la reglamentación jurídica del silencio en sí; dos, el silencio en el derecho que carga consigo consecuencias interpretativas – las lagunas del derecho, entre otras; tres, los silencios legales que inciden en lo que la sociedad permite y lo que la sociedad reprime, y; finalmente, los silencios en el derecho que se constituyen o que ayudan a constituir lo que llama el ponente "visiones de mundo, identidades, relaciones y prácticas sociales".

Rivera Ramos presenta una síntesis iluminadora de un tema arisco, variopinto, difícil de doblegar y reducir a categorías razonadas, útiles para su manejo sistemático. No es sencilla la tarea de clasificar las muchas manifestaciones del tema en el quehacer jurídico. La propia noción del silencio es jurídicamente resbaladiza. Rivera Ramos estructura su esquema de análisis con lucidez, no empece las muchas aristas que la temática muestra en la actualidad y ha mostrado a través de los siglos.

Las lagunas en el derecho, por tomar solo uno de los varios focos de atención del ponente, suscita cuestionamientos de tiempos antiquísimos. Se remontan a los pilares de nuestra sociedad. En Deuteronomio (10:8), por ejemplo, Dios designa a los Levitas para cargar el arca y solo al hombro de los sacerdotes (Exodo 25:12-14). Al mencionar nada más que a los Levitas, ¿prohibía el Señor que otras tribus la cargaran y que la cargaran por otros medios que no fuera al hombro? En consecuencia, ¿violó David la ley de Dios al hacer cargar el arca en un carretón de Kirjath a Jerusalén? (2 Samuel 6:6-8).

Milenios más tarde, en la modernidad, el manejo de los silencios e intersticios de la ley nos sigue abrumando igual. El Código Civil Prusiano de 1794, con sus más de diecisiete mil artículos, intentó anticipar todas las posibles interrogantes normativas y proveer las respuestas sin vacíos y lagunas que llenar con interpretaciones de factura judicial. No tuvo suerte. Como explican Merryman y Pérez Perdomo:

> "[T]he doctrine of separation of powers, when carried to an extreme, led to the conclusion that courts should be denied any interpretive function and should be required to refer problems of statutory interpretation to the legislature itself for solution. The legislature would then provide an authoritative interpretation to guide the judge. In this way defects in the law would be cured, courts would be prevented from making law, and the state would be safe from the threat of judicial tyranny. To the civil law fundamentalist, authoritative interpretation by the lawmaker was the only permissible kind of interpretation.
>
> The nearest approach to that ideal to be found in the modern history is the attempt of Frederick the Great to make the law of Prussia judge-proof, toward the end of the eighteenth century. Under Frederick, Prussia adopted a code containing more than 17,000 articles (by comparison, the Code Napoléon contains 2,281 articles). The Prussian code was an attempt to provide a specific, detailed solution for specific, detailed fact situations; the end sought was a complete catalog of such solutions, available to judges for any case that might come before them. At the same time, judges were forbidden to interpret the code. In case of doubt, they were to refer the question to a special Statutes Commission created for that purpose. If they were caught interpreting, judges would incur Frederick's 'very great displeasure' and be severely punished. German legal historians tell us that the Statutes Commission never played the role Frederick intended for it; that the code, detailed as it was, did not provide obvious answers for all cases; and that the judges per-force interpreted their provisions in their daily work. Frederick's code, his commission, and his prohibition of judicial interpretation are all considered failures."

Estas y muchas otras manifestaciones del tema son sistematizadas con maestría por el nuevo numerario en su discurso. Ese sistema de análisis es, de por sí, una aportación de significativo valor que Rivera Ramos hace esta noche y que bastaría para llenar los cometidos de la ocasión. Pero su ponencia de entrada a la Academia va mucho más allá.

A mi juicio, la aportación principal del discurso de esta noche estriba en los planteamientos del autor en torno al silencio como elemento constitutivo del derecho y sobre cómo el silencio legal, así constituido, impacta la realidad social de forma tan determinante o más que la norma expresa. Es el análisis que desarrolla principalmente en las partes tercera y cuarta de la ponencia pero que, en verdad, se manifiesta a través de todo el texto que ha leído esta noche. Rivera Ramos se enfoca especialmente en la forma en que, en el derecho, los silencios nutren y sostienen formas relacionales de dominación, explotación o desbalance entre sectores de la sociedad, entre grupos y el estado, o entre entes políticos diferentes. Rivera Ramos quiere despojar los silencios de la ley de sus pretendidas neutralidades, de sus disfraces de inocencia y destacar las formas en que los silencios inciden sobre las estructuras relacionales que definen los derechos entre personas y grupos de diferentes géneros, de diferentes razas, etnias o credos religiosos, así como la dominación política de unos pueblos sobre otros.

Es una propuesta que el ponente ha madurado por muchos años desde que la comenzó a perfilar por primera vez en 2001 en su ensayo The legal construction of identity que publicó con la American Psychologycal Association y que ha desarrollado en otros foros desde entonces. Al referirse a ella esta noche, reclama justamente la participación que le corresponde en el grupo de autores que la ha gestado. "La propuesta" –

dice – "descansa en la asunción de lo que algunos hemos llamado la teoría constitutiva del derecho: es decir, la proposición de que el derecho contribuye a la construcción o reproducción de visiones de mundo, identidades y relaciones y prácticas sociales."

Silencio, el film de Scorsese es una película sobre la fe; sobre la fe religiosa; la fe en un ser superior distante que calla, que permanece silente. La ponencia de Rivera Ramos no hace ola con la película de Scorsese. El nuevo numerario nos ha llevado esta noche por otros caminos; nos ha llevado por rutas que, si quisiéramos acercar a alguna de las formas de arte, pienso que se aproximan a las de la composición musical.

La creación musical bien puede describirse como el acto de llenar estéticamente un vacío sonoro; lo que Manuel Matarrita compara con el pintor que llena un lienzo en blanco. En la música, el silencio inicial, el vacío sonoro, se llena con sonido, pero no solo con sonido, sino con sonidos que, a su vez, se imbrican con más silencios; silencios que, conjuntamente con las notas, pasan a formar parte integradora del producto musical resultante. Esta noche, el nuevo académico no ha enfocado en el silencio que acusa ausencia de normatividad, sino en los silencios que forman parte de la estructura jurídica; que resultan ser integradores de la resultante normativa que gobierna la sociedad.

Son sugerentes y provocadoras las ideas que ha compartido Rivera Ramos esta noche. Aportan a los esfuerzos por mejorar muchos campos de nuestro derecho.

Ojalá que las notas y los silencios que provoque el buen análisis de Rivera Ramos de esta noche y los acordes, arpegios y melodías normativas que esas notas y silencios monten, ayuden a construir mejores armonías en la compleja partitura social de nuestro país.

Doctor Rivera Ramos: El pleno de numerarios se une a mí para recibirle como Académico Numerario de esta corporación.

Muchas gracias.

MENSAJE DE APERTURA DEL ACTO DE PRESENTACIÓN DEL LIBRO DE ACTAS DE LA CÁMARA DE DELEGADOS DE PUERTO RICO, PRIMERA Y SEGUNDA SESIONES DE LA QUINTA ASAMBLEA LEGISLATIVA 1909-1910[*]

Antonio García Padilla[1]

Señoras, señores:

Esta noche, la Academia da un paso importante de avance a su iniciativa de recuperación y edición de los documentos que narran el desarrollo de nuestras instituciones jurídicas. Demos cuenta breve de cómo anda este proyecto.

El proyecto se dirigió primero a la recuperación y publicación de las proposiciones y resoluciones de la Asamblea Constituyente de 1952. La búsqueda tomó años. No se recuperaron todas. Aun el borrador de la constitución del grupo republicano liderado por Celestino Iriarte parece haberse perdido para siempre.

Luego nos dirigimos a las actas de la Cámara de Delegados, el único cuerpo responsable al pueblo puertorriqueño durante el régimen de la Ley Fóraker. El trabajo no ha sido menos azaroso. Las actas correspondientes a los trabajos de 1905, por ejemplo, no se encontraron sino de pura suerte en una venta de libros viejos que tenía lugar un domingo en los corredores de un centro comercial de San Juan.

Seguidos los escollos, el proyecto está próximo a concluir. Este año se publicarán las actas correspondientes al bienio de 1911-12 y las de los cinco años restantes están ya transcritas y en proceso de correcciones.

Paralelamente, capitaneados por la Numeraria Lady Alfonso de Cumpiano, anda a buen paso el ambicioso proyecto de recuperación y edición de los fallos de la Real Audiencia y la reedición de sus autos acordados. Aunque parezca raro, los fallos de nuestro tribunal apelativo durante buena parte del Siglo 19, no están disponibles no empece que tratan de leyes vigentes como el caso de los códigos civil y de comercio.

Y ya se organiza de mano de la Numeraria Fiol Matta la iniciativa de recuperación y edición de las tesis doctorales de los puertorriqueños que entre tantas limitaciones llevaron a cabo estudios terminales en derecho en los siglos 18 y 19.

---

[*] Mensaje pronunciado por el autor el 18 de mayo de 2017 en el Salón de la Facultad de la Facultad de Derecho de la Universidad Interamericana de Puerto Rico.

[1] Presidente de la Academia Puertorriqueña de Jurisprudencia y Legislación; Decano (1986–2000) y Decano Emérito de la Escuela de Derecho de la Universidad de Puerto Rico (2009 al presente); Presidente de la Universidad de Puerto Rico (2001–09).

La vocación académica que impulsa estos proyectos no es para nada de anticuario. Se trata de asegurar que nuestro futuro jurídico se construye bien, sobre bases conocidas y estudiadas; como corresponde a la madurez del país. No siempre hemos tenido claras cuáles son los basamentos de las normas que nos rigen. Lo inmediato tiende a abrumarnos y hacernos perder conciencia de la trayectoria que seguimos.

El Juez Torruella tiene a su cargo esta noche la presentación del libro de actas de la Camara de Delegados de Puerto Rico correspondiente a 1909-1910, con prólogo de Silvia Álvarez Curbelo.

Gracias por la presencia de todos. Les dejo con el Numerario Juan Torruella.

PRESENTACIÓN DEL LIBRO
ACTAS DE LA CÁMARA DE DELEGADOS DE PUERTO RICO PRIMERA Y SEGUNDA SESIONES DE LA QUINTA ASAMBLEA LEGISLATIVA 1909-1910*

Juan Torruella del Valle **

Señor presidente y miembros de la Academia, distinguidos invitados, amigos y amigas todos, muy buenas noches y gracias por acompañarme en esta ocasión.

Si bien me siento honrado por habérseme escogido para hacer la presentación del libro de Sesiones de la Asamblea de Delegados de Puerto Rico de los años fatídicos de 1909-1910, me sospecho que no fue por pura casualidad que fui designado para esta encomienda. Sin embargo, no es mi grado módico de paranoia lo que me causa cierta intranquilidad el ser designado para dirigirme a ustedes sobre este tema, sino, más bien, porque considero que hay por lo menos otros dos académicos mejor cualificados que yo para hacer esta presentación, y temo que mi contribución se quede corta y no esté a la par con lo que ellos muy bien, y mejor, pudiesen aportar. Me refiero, por supuesto, al Dr. Carmelo Delgado Cintrón y a la Dra. Christina Duffy Ponsa, ambos quienes han estudiado y escrito con profundidad académica sobre la Sesión Legislativa de 1909-1910, y la crisis que esta creó en Puerto Rico y en la metrópolis norteamericana como resultado de los acontecimientos que en ella se dilucidaron e impulsaron. Hago alusión también en mi ponencia, y les recomiendo con entusiasmo, den lectura al magnífico prólogo del tomo de la Sesión Legislativa que consideramos esta noche, escrito con alta diligencia académica por la profesora Dra. Silvia Álvarez Curbelo. Todos estos estudios me han servido de gran ayuda en la preparación de mi presentación esta noche. No obstante, y dejando mi nerviosidad intelectual a un lado, me propongo dirigir mis esfuerzos esta noche conforme al siguiente bosquejo general: primeramente, haré una breve exposición del marco gubernamental y constitucional vigente en Puerto Rico para el 1909. Y, en segundo lugar, hablaré en forma lo más reducida posible de los asuntos principales considerados por la Cámara de Delegados durante las sesiones ordinarias y extraordinarias de 1909-1910. Por último, haré un breve comentario sobre cómo se ha proyectado lo que pasó en la Asamblea de 1909-1910 en la historia subsiguiente de Puerto Rico, a corto y a largo plazo, aún hasta el presente.

En ámbito de honestidad con ustedes, les quiero informar que mi presentación durará alrededor de 58 minutos. Pues por más que lo he intentado, se me ha hecho imposible reducirla a menos tiempo, y a la vez cubrir el tema conforme a la importancia que el

---

* Presentación pronunciada por el autor el 18 de mayo de 2017 en el Salón de la Facultad de la Facultad de Derecho de la Universidad Interamericana de Puerto Rico.
** Académico de Número, Academia Puertorriqueña de Jurisprudencia y Legislación; Juez de la Corte Federal de Apelaciones para el Primer Circuito.

mismo merece. Les aseguro que no me sentiré insultado, ni los pondré en una lista especial, si algunos, o aun todos, deciden que tienen otros asuntos que atender inclusive irse a dormir en sus camas a preferencia de aquí. Mi esposa me prometió que su lealtad matrimonial la obliga a oír mis pedanterías hasta el final, lo cual es más apoyo del que merezco. Dos eventos son cruciales para entender los acontecimientos de la Asamblea Legislativa de 1909-1910. El primero es la promulgación en abril de 1900 por el Congreso de Estados Unidos de la Ley Foraker, y el segundo trata del conjunto de decisiones judiciales del Tribunal Supremo de Estados Unidos en 1901 de los notorios y funestos llamados **casos insulares**, que validaron la constitucionalidad de la Ley Foraker y refrendaron el sistema colonial de gobierno sobre Puerto Rico que dicha legislación estableció, y que continúa vigente e impera hasta el día de hoy.

Ley Foraker

Los dos propósitos principales de la Ley Foraker fueron establecer un gobierno civil en sustitución del gobierno militar que administraba la Isla desde que terminó la Guerra Hispanoamericana en agosto de 1898, y promulgar un sistema de recaudo de tarifas para levantar los fondos necesarios para correr ese gobierno civil.

Hay que tener en mente que a la misma vez que el Congreso estaba legislando para Puerto Rico, había otro proceso legislativo paralelo con relación a las Filipinas, similar pero diferente al Proyecto Foraker de Puerto Rico. Como veremos, el Congreso tenía aún más cautela y prejuicios con las Filipinas que con Puerto Rico, en gran parte porque para esa época estaba en pleno auge una insurrección contra los Estados Unidos que duró hasta 1903. Y, en la cual los Estados Unidos perdió varios miles de tropas más que en toda la Guerra Hispanoamericana. A su vez, y conforme a la forma que se recibió al general Miles después de su desembarco, a Puerto Rico y sus habitantes se les consideraba sumisos.

Un último aparte relacionado a las Filipinas es que durante la insurrección filipina el gobernador colonial de ellas lo fue un señor de 300 y pico de libras, quien es el actor principal, o más bien el malo de la película, en el asunto que tratamos en la noche de hoy. Me refiero a Howard Taft, de quien volveremos a oír nuevamente dentro de poco, y a varios niveles, ya que posteriormente al 1909 pasó a ser, no solo presidente de Estados Unidos sino después, también juez presidente del Tribunal Supremo de Estados Unidos, y más importante aún, el juez ponente en una de las decisiones más trascendentales que ese tribunal haya expedido sobre Puerto Rico, *Pueblo v. Balzac*. Taft es una de las personas que más influencia (en mi opinión, negativa) haya tenido sobre Puerto Rico, especialmente en lo que se refiere al estatus colonial que tenemos al día de hoy.

La Ley Foraker (y en adelante me referiré a la de Puerto Rico únicamente a menos que indique lo contrario), estableció un gobierno civil para Puerto Rico, diferente al que regía en los estados de la unión. Se establecía una legislatura compuesta por dos cuerpos. Primeramente, una cámara alta de once personas, denominada "Consejo Ejecutivo", nombradas por el presidente de Estados Unidos, con el consentimiento del Senado y por un periodo de 4 años. Además de sus funciones legislativas de cámara alta, el Consejo Ejecutivo fungía también como el Gabinete del Gobernador de Puerto Rico, quien también era nombrado por el presidente, con el consentimiento del Senado de

Estados Unidos. El Consejo estaba compuesto por el "attorney general" de Puerto Rico, el tesorero, el auditor, el comisionado del interior, y el comisionado de educación, a todos los cuales se les requería mantener su residencia en Puerto Rico durante su incumbencia. Adicionalmente, el presidente podía nombrar a otras cinco personas de buena reputación como miembros en propiedad del Consejo. Por lo menos, cinco de los miembros del Consejo deberían ser puertorriqueños. Cualquier semejanza del Consejo Ejecutivo a instituciones del presente es pura casualidad.

Entre los poderes del Consejo Ejecutivo estaba el establecimiento y demarcación de siete distritos electorales, cada uno de los cuales podía elegir a cinco miembros de la cámara baja de la legislatura, la cual se denominaba la "Cámara de Delegados". Ésta, compuesta por los 35 delegados, era electa por los puertorriqueños cada dos años.

Dos puntos de interés son, el hecho de que a los delegados a la Cámara no se les requería residir en el distrito para el cual eran electos. El segundo punto, verdaderamente el más importante del momento, es que la legislatura tenía el único poder de aprobar o desaprobar el presupuesto del gobierno para el próximo año fiscal del gobierno insular.

Toda otra legislación aprobada por la Asamblea Legislativa, o sea, aprobada por ambas cámaras y firmadas por el gobernador, tenía que ser reportada al Congreso, cuyo cuerpo se reservaba el poder y autoridad de anular la misma.

El juez presidente y los jueces asociados del Tribunal Supremo de Puerto Rico serían nombrados por el presidente con el consentimiento del Senado, al igual que el juez de la Corte Federal, y el fiscal y aguacil de esa corte, todos nombrados por 4 años a menos que el presidente a su discreción los removiera antes. La Corte Federal tendría sesiones y salas en San Juan, Ponce y Mayagüez, y los procedimientos serian en inglés. Los jueces de Distrito de Puerto Rico serían nombrados por el gobernador, con la aprobación del Consejo Ejecutivo, mientras que todos los jueces de cortes inferiores serian nombrados según estableciera la legislatura.

Tanto las apelaciones de decisiones del Tribunal Supremo de Puerto Rico como las de la Corte Federal para el Distrito de Puerto Rico serían apelables directamente al Tribunal Supremo de Estados Unidos.

Por último, la Ley Foraker estableció la posición de Comisionado Residente a Estados Unidos, a ser electo por los puertorriqueños cada dos años. La ley no especificaba los deberes o sitio donde debería ejercerse este puesto, pero por el hecho de que presentaría su certificado de elección al secretario de estado en Washington, y que se requería que se le diera reconocimiento oficial por todos los departamentos. En efecto, ello implicaba que establecería su presencia allí, algo como una especie de observador/representante o embajador "at-large", sin formar parte de ninguna rama del gobierno.

Como les indiqué anteriormente, el segundo propósito de La Ley Foraker era establecer el recaudo de fondos necesarios para correr el gobierno insular que acabo de describir. Es esta parte de dicha legislación la que nos lleva a los casos insulares.

Los casos insulares

La Constitución de Estados Unidos establece que toda ley del Congreso con relación a la imposición de impuestos, contribuciones o tarifas deberá ser uniforme a través de los Estados Unidos. No obstante, la Ley Foraker promulgó un sistema de impuestos a las mercancías que viajaban de Puerto Rico a la metrópolis y vice versa, lo cual creaba un impuesto dispar o no uniforme con el resto de la nación. La pregunta clave que surgía como resultado de esta situación era, si a Puerto Rico se le consideraba parte del término "Estados Unidos" según se usaba dicha frase en la Constitución, lo cual determinaría a su vez si la Constitución y la citada cláusula de uniformidad se aplicaba a las suscitadas tarifas impuestas por la Ley Foraker a las mercancías que viajaban entre Puerto Rico y la Metrópolis.

Para aquellos de ustedes que todavía creen en Santa Claus y la bondad humana, lo que hizo el Tribunal Supremo de Estados Unidos en estos casos debería despertarlos al mundo de "real politik".

En un acto de malabarismo judicial sin paralelo en la historia constitucional de Estados Unidos, el Tribunal Supremo, en opiniones decididas por sólo una pluralidad de 5 votos a favor versus 4 votos disidentes, y con un resultado opuesto y contrario a toda la jurisprudencia vigente hasta ese momento, dictaminó que Puerto Rico "pertenecía, pero no era parte de Estados Unidos", y procedió a inventarse, de la nada, el embeleco que se llegaría a conocer como "la teoría de la incorporación"; conforme a la cual se establecía que Puerto Rico era un territorio no incorporado a Estados Unidos, por lo que sólo los derechos fundamentales establecidos en la constitución tenían vigencia en Puerto Rico. Cuáles derechos eran fundamentales, sería algo que los tribunales decidirían caso a caso, pero lo que sí estaba claro según ese tribunal era que la cláusula de uniformidad no era uno de esos derechos fundamentales.

Con estos casos el Tribunal Supremo, no sólo refrendó la validez de la Ley Foraker, sino también el sistema de gobierno colonial creado por el Congreso para gobernar el nuevo imperio adquirido después de la Guerra Hispanoamericana. Esta conclusión, la cual había sido de facto aprobada por los votantes americanos al re-elegir al presidente Mckinley en las elecciones de 1900, *llevó a un* conocido politólogo de la época a comentar que: "it may be that the constitution does not follow the flag, but it seems that the Supreme Court follows election results". Puerto Rico era un territorio no incorporado, que pertenecía a éste en el plano internacional, pero domésticamente se le trataría como tierra extranjera sobre el cual el Congreso podía ejercitar sus poderes plenarios para determinar qué derechos les concedería a sus habitantes. O como sintetizó las incongruencias de estas decisiones el periódico San Juan News en su edición del 29 de mayo de 1901: "somos y no somos parte integrante de los Estados Unidos. Somos y no somos un país extranjero. Somos y no somos ciudadanos de Estados Unidos. La Constitución nos cobija y no nos cobija, nos alcanzan y no nos alcanzan sus límites. Se nos aplica y no se nos aplica."[1] Les recomiendo la lectura del *Mea Culpa* del reciente artículo de Harvard Law School sobre estos casos.[2]

La legislatura de 1909

Con este trasfondo llegamos a la legislatura de 1909. Pero no sin antes explicar brevemente la situación política que definía y le daba matiz a esta legislatura.

Para el 1902 existían dos partidos políticos principales en Puerto Rico; el republicano (los anteriormente llamados "puros," cuyo líder era José Celso Barbosa) y el federal (los anteriormente llamados "fusionistas," presididos por Luis Muñoz Rivera). No obstante, esa división de partidos, el liderato político del país, casi unánimemente, estaba extremadamente descontento y decepcionado con el sistema colonial impuesto por la Ley Foraker. A consecuencia de esta situación, y de lo que él consideraba la complicidad de su propio partido republicano con el gobierno colonial establecido por la Ley Foraker, Rosendo Matienzo Cintrón propuso la unión de todos los partidos para enfrentar solidariamente esta situación.

Así pues, se fundó en 1904 el Partido Unión de Puerto Rico, el que proponía unir las fuerzas de todos los partidos para presentar una voz común en torno a las cuestiones fundamentales que enfrentaban al país, y el establecimiento de una estrategia de comunicación efectiva con los poderes de Washington. Entre los fundadores de este nuevo partido se encontraban los dos líderes políticos más prominentes del momento, Luis Muñoz Rivera y José de Diego, al igual que Matienzo Cintrón.

Ya para las elecciones de 1906 los unionistas habían copado todos los asientos de la Cámara de Delegados, con Matienzo Cintrón siendo electo su presidente, puesto que ocupó hasta el 1907 cuando el liderazgo del Partido Unión pasó a manos de Muñoz Rivera.

En las elecciones de 1908, los unionistas repitieron el copo de asientos en la Cámara de Representantes, obteniendo casi el doble de los votos que sacó el Partido Republicano, así que cuando abrió la Primera Sesión de la Legislatura de 1909-1910, el 11 de enero de 1909, los 35 delegados eran todos unionistas, y probablemente, más importante aún, 21 de ellos eran legisladores nuevos del grupo más joven de ese partido, los que podríamos describir como unos "turcos jóvenes o young turks." era este grupo sobre el cual Matienzo Cintrón, a pesar de haber perdido el liderazgo formal de los unionistas, ejercitaba una gran influencia especialmente en lo que concernía el desafecto con la Ley Foraker y los privilegios que le concedía al Consejo Ejecutivo, que estaba compuesto principalmente por norteamericanos, y en el que los únicos puertorriqueños

---

[1] Cita de María Dolores Luque, "La lucha incesante por el reformismo colonial, 1898-1940", en Historia de Puerto Rico, Consejo Superior de Investigaciones Científicas, p. 390.

[2] Developments in The Law-The U.S. Territories, 130 Harvard L. Rev. 1616 (2017).

estaban afiliados al Partido Republicano, siendo José Celso Barbosa el más prominente de ellos.

Por lo menos al comenzar la sesión, Muñoz Rivera, aunque el líder formal de los unionistas por ser su presidente de partido, pensaba que podía negociarse un acomodo con los poderes centrales en Washington que permitiera compartir la administración del gobierno insular más equitativamente y sin la necesidad de confrontaciones mayores. Veremos cómo, con el paso del tiempo, durante las sesiones de 1909-1910, su actitud cambió y se tornó más contenciosa.

El 11 de enero de 1909 se abrió la Primera Sesión Ordinaria de la Quinta Asamblea Legislativa. Entre los delegados electos presentes estaban, y menciono sólo los más conocidos por nuestra generación, Eduardo Giorgetti y Cayetano Coll y Cuchí (por el Distrito de San Juan), Nemesio Canales (por el distrito de Arecibo), José de Diego (por el distrito de Mayagüez); Rosendo Matienzo Cintrón y Luis Llorens Torres (por el distrito de Ponce), y Luis Muñoz Rivera (por el distrito de Guayama). Matienzo Cintrón, si bien fue electo, por razones que desconozco, no estuvo presente ese día, al igual que otros dos delegados.

Se procedió a elegir presidente de la Cámara por el término, a José de Diego, quien expidió el único voto en su contra, votando a su vez por Ramón Delgado, el delegado de más edad. No recuerdo que se haya repetido esa elegancia en tiempos recientes.

Después de varios discursos protocolarios, entró al hemiciclo una comisión del Consejo Ejecutivo compuesta por los señores Del Valle, Barbosa y Gromer, quienes anunciaron la elección por dicho cuerpo de su presidente al señor Willoughby, y de su presidente *pro tempore* al señor Del valle, y su disponibilidad para inaugurar las labores legislativas. Por último, fueron notificados los legisladores que el gobernador vendría el próximo día para dar su mensaje anual a la legislatura.

El segundo día de la sesión, martes 12 de enero de 1909, se abrió la sesión conjunta de la legislatura, presidiendo el presidente del Consejo Ejecutivo, William F. Willoughby, acompañado por nueve del balance total de once miembros que componían el consejo.

Paso seguido, se tomó lista de los miembros de la Cámara de Delegados presentes, quienes sumaron treinta y dos, incluyendo a su presidente, José de Diego, y a Luis Muñoz Rivera, presidente del Partido Unionista. Hizo entonces acto de presencia el gobernador de turno, Regis H. Post, quien procedió a dar su mensaje a la rama legislativa sobre la situación de Puerto Rico.

Comenzó diciendo que las exportaciones, con excepción del azúcar, habían mermado por razón de que las cosechas del tabaco y café habían sido más pequeñas que las del año anterior. "Solamente los enormes embarques de azúcar",[3] y la gran cosecha de

---

[3] Cámara de Delegados de Puerto Rico, Primera y Segunda Sesiones de la Quinta Asamblea Legislativa 1909-1910, 2016, p. 8.

frutas habían sostenido los datos de aduana al nivel del año anterior. Por supuesto, lo que Post no dice es que ya para esta fecha, las mega centrales que siguieron los pasos del general Miles habían convertido a Puerto Rico en una finca de azúcar en perjuicio de la siembra de café y tabaco, los cuales hasta el 1898 habían sido los productos principales de exportación de Puerto Rico, producidos por los pequeños agricultores que habían existido hasta entonces.[4]

Pasando directamente a la situación económica del gobierno insular, el gobernador informó que había habido un desembolso de gastos que excedía por doscientos mil dólares a los del año anterior, lo que reducía el superávit existente de un millón y pico de dólares. No obstante, si bien no veía razón para sentirse intranquilo, recomendaba "que el presupuesto para el próximo año económico [fuese lo más aproximado al] del año corriente."[5]

Otro punto que discutió el gobernador, que también sería tema de contención futura con la Cámara de Delegados, lo fue su propuesta de que los jueces municipales deberían ser nombrados por el ejecutivo, en vez de electos por sufragio popular como había dispuesto la legislatura.

Si bien el balance del informe contiene datos de interés y trata asuntos típicos de esperar, tales como los relativos a instrucción, me limitaré a citar sólo dos últimos asuntos contenidos en su exposición, ambos que tienen alguna trascendencia a eventos en el presente.

El primero fue el comentario que hizo el gobernador Post bajo el tema de "comercio", en el que argumenta que: "debe hacerse todo esfuerzo para convencer al Congreso de que la prosperidad de Puerto Rico es valioso activo de Estados Unidos, no sólo sentimentalmente, sí que también práctica y comercialmente. Somos en la actualidad uno de los principales compradores de mercancías de los Estados Unidos . . . Y cualquier cosa que venga a perjudicar seriamente la prosperidad de la Isla, ciertamente habría de perjudicar nuestra capacidad como compradores . . . Todo el problema debe ponerse ante el Congreso, no desde un punto de vista egoísta ni sentimental, sino, sencillamente, como un asunto comercial en cual están interesados los Estados Unidos y la Isla."[6] **¡palabras con luz!**

Terminó su discurso diciendo que el presidente saliente, Teodoro Roosevelt, "una vez más ha recomendado al Congreso que se conceda la ciudadanía americana a los ciudadanos de puerto rico,"[7] y le insta a la legislatura a que pase una resolución conjunta solicitándole al Congreso acción favorable con relación a dicha recomendación.

---

[4] Arturo Morales Carrión, Puerto Rico: A Political and Cultural History (1983), 137,147.
[5] Cámara de Delegados de Puerto Rico, Primera y Segunda Sesiones de la Quinta Asamblea Legislativa 1909-1910, 2016, p. 9.
[6] id., p.17.
[7] id.

Como sabemos no fue hasta el 1917 cuando se concedió la ciudadanía a los puertorriqueños.

Paso a decirles, que si bien el presidente entrante, Howard Taft, acogió la recomendación del presidente Roosevelt, lo hizo a regañadientes, y como veremos más tarde en el caso de *Balzac* decidido en 1922, siendo ya presidente del Tribunal Supremo, menospreció bastante la ciudadanía americana concedida a los puertorriqueños, en efecto rebajándola a un nivel de segunda clase, constitucionalmente hablando.

Volviendo a los trabajos de la Asamblea de 1909, vemos que los asuntos rutinarios de una asamblea legislativa típica continúan a través de los siguientes días, interrumpidos por algunos incidentes que nos llaman la atención porque son indicativos de un sentimiento subyacente de inconformidad general y rebelión contra el régimen colonial existente bajo la Ley Foraker:

-los días 18 y 19 de enero, se dio lectura a la siguiente resolución: "Resolución de la Cámara de Delegados acerca del modo como administran justicia los jueces de la Corte Federal y sobre su nombramiento." [8]

-en la sesión del día 19 de febrero sale a la luz el tema de más contención a dilucidarse por esta legislatura, cuando se le da la primera y segunda lectura al proyecto de ley del Consejo Ejecutivo fijando el presupuesto para el sostenimiento del gobierno de Puerto Rico para el año económico que terminaría el 30 de junio de 1910, o sea, el próximo año económico,[9] este tema sería discutido frecuentemente a través de toda la primera sesión en su confección cameral, el C.B. 17 de la Cámara, cuyo progreso legislativo, o más bien, su falta de progreso, se informa con regularidad casi monótona a través de la sesión.[10] Por fin, en la sesión del 7 de marzo, la Comisión Total recomendó la aprobación de un presupuesto, pero éste contenía una serie de enmiendas, con sendos aumentos al presupuesto del año anterior y difiriendo considerablemente de lo propuesto por el Consejo Ejecutivo.[11] como veremos más adelante, la cosa no se quedó ahí.

-ese mismo 19 de febrero se aprueba un "Memorial al Congreso de Estados Unidos sobre limitación de la jurisdicción de la Corte Federal," [12] y el día 25 de febrero, el Delegado Díaz navarro, cumpliendo un acuerdo de la cámara, presentó documentación relativa a los procedimientos usados por el juez federal Bernard S. Rodney en sus funciones como juez de dicha corte.[13] Éstos incluían varios autos procesando por desacato a varias personas por haber comparecido a declarar en una investigación efectuada por una comisión de la Cámara de Delegados.[14]

---

[8] id., p. 43, 45.

[9] id., p. 200-201.

[10] id., p. 264-265, 272, 284, 305.

[11] id., p. 306-323.

[12] id., p. 204-205.

[13] id., p. 225.

[14] id., p. 219-220.

El próximo día, 26 de febrero, se aprobó la R.C. de la C. 1, titulada "Resolución de la Cámara de Delegados para solicitar la deposición [o sea la destitución] del juez Mr. Bernard S. Rodney," con 22 votos a favor y 7 en contra, inclusive el del presidente de la cámara, José de Diego.[15]

-el día 4 de marzo, a propuesta de Luis Muñoz Rivera, se dirigió un mensaje cable-gráfico al presidente William Taft, con motivo de su inauguración que leía: "La Cámara de Delegados, en nombre del país, expresa sus felicitaciones y espera que vuestro go-bierno sea próspero para Estados Unidos y para la libertad que merece, y no tiene, el pueblo de Puerto Rico. José de Diego, speaker." [16] (énfasis suplido).

-el 11 de marzo, entró la cuestión del presupuesto a una etapa crítica, cuando el de-legado acuña informó que el Comité de Conferencia sobre el C.B. 17 no había llegado a un acuerdo, lo que resultó en la aprobación de una resolución de la cámara, propuesta por Luis Muñoz Rivera, al efecto que las conferencias con el Consejo Ejecutivo habían fracasado, que la Cámara estaba dispuesta a nuevas conferencias si el Consejo las ini-ciaba, y que en tal caso, las nuevas comisiones estaban "absolutamente libres para acordar con las del Consejo y proponer las enmiendas que esti[maran] oportunas." [17]

-ese mismo día fue sometido a debate y aprobado unánimemente, el siguiente "Me-morial al Congreso y presidente de los Estados Unidos", propuesto originalmente por los delegados Llorens Torres y Oppenheimer, y el cual leía en parte después de que se hiciesen algunas enmiendas al original: "nuestro pueblo no está conforme con la ley orgánica vigente". Y os pide que la deroguéis o por lo menos la enmendéis en forma tal que la Asamblea Legislativa sea electa por el pueblo; y el Gabinete Ejecutivo por el gobernador con el consentimiento del Senado Insular. Queremos nuestra libertad de igual manera que quiso y conquistó la suya el pueblo americano. Y ese gran pueblo, si responde a su historia, no puede mantenernos bajo tiranía".[18] El mensaje fue aprobado por unanimidad.[19]

Con esos truenos se cierra a las doce de la noche del 11 de marzo, según se establecía la Ley Foraker, la Primera Sesión de la Quinta Asamblea Legislativa de Puerto Rico, pero no sin antes convocar el gobernador una sesión extraordinaria para el próxi-mo día, con el fin de considerar el asunto pendiente del presupuesto insular para el año fiscal 1909-1910, "y otros asuntos que ser[ían] sometidos a su consideración." [20]

El próximo día, 12 de enero, a las 10:00 am, se abrió la sesión extraordinaria con la presencia de 26 de los delegados, y se pasó a la lectura de la proclama del gobernador convocando la sesión extraordinaria. Entraron entonces los concejales del Valle y Sán-chez y anunciaron la disponibilidad del Consejo Ejecutivo para continuar en comisión

---

[15] id., . 234-235.
[16] id., p. 273.
[17] id., p. 388-389.
[18] id., p. 414-415.
[19] id., p. 416.
[20] id., p. 425-427.

conjunta con los designados por la Cámara para resolver las diferencias relativas al proyecto del presupuesto.

Varios asuntos formaron parte de las discusiones de esta asamblea extraordinaria los cuales no son de relevancia al tema principal que ocupaba la legislatura, antes de que el record demuestre atención al asunto principal por la cual se convocó la misma. Lo próximo que nos atrae atención es las dos lecturas del proyecto de ley C.B.1 del Consejo Ejecutivo,[21] el cual era casi idéntico a lo que presentó dicho cuerpo el 19 de febrero, y sobre el cual surgió el *impasse* con la Cámara que dio margen a la asamblea extraordinaria. La Cámara ripostó con su propio presupuesto,[22] el cual era también casi el mismo que ésta había aprobado en la sesión del 7 de marzo, y que el Consejo Ejecutivo a su vez había rechazado. La línea en la arena estaba trazada.

El proyecto de la cámara, según enmendado por ésta, fue aprobado unánimemente por la Cámara después de ser sometido a votación definitiva,[23] paso a lo cual, al final de la sesión el secretario del Comité Ejecutivo cursó una comunicación al paso a lo cual, al final de la sesión el secretario del Comité Ejecutivo cursó una comunicación al presidente de la Cámara informándole que el consejo se había "negado a concurrir en las enmiendas de la Cámara al C.B. no. 1," y solicitaba conferencia, y al efecto había nombrado a tres de sus miembros para representar al consejo.[24] La cámara nombró a también a tres de los suyos.

Como si no hubiera suficiente controversia con lo del presupuesto, el 13 de marzo el Consejo Ejecutivo le informó a la Cámara, que ésta había aprobado un proyecto para crear nuevas cortes, y abolir determinados juzgados de paz, y proveyendo que fuese el gobernador quien nombrase los jueces, con el consentimiento del Consejo, en vez de por voto popular. Dicha propuesta fue rechazada de plano por la Cámara, solicitando a su vez conferencia y designado sus representantes a la misma.[25]

El 15 de marzo la Cámara solicitó la devolución del proyecto de presupuesto por parte del Consejo, y éste, indicando que el Comité de Conferencias sobre dicho proyecto "había sido disuelto", lo devolvió a la Cámara.[26] Paso seguido se constituyó la Cámara en comisión total, se anularon varias enmiendas, y sometido nuevamente a votación, fue aprobado y unánimemente aceptado por votación definitiva en tercera lectura.[27]

El Comité de Conferencia, para tratar el proyecto del consejo sobre la creación de nuevas cortes municipales y abolir determinados juzgados de paz, informó que no pudiéndose llegar a un acuerdo solicitaba se les eximiese de seguir prestando servi-

[21] id., p. 444.
[22] id., p. 445-462.
[23] id., p. 462-463.
[24] id., p. 470.
[25] id., p. 484-5.
[26] id., p. 497.
[27] id., p. 497.

cios en dichas conferencias. Se acordó por la Cámara nombrar un nuevo comité, el cual estaría compuesto del presidente de la cámara, señor Muñoz rivera, y los señores Acuña y Georgetti,[28] y a su vez el consejo nombró también a su presidente, señor Willoughby, y a los señores Del valle y Grahame.[29]

Termina la sesión extraordinaria el día 16 de marzo a la 3:00 a.m., no sin antes el señor Soler informarle a la Cámara que el comité de conferencia sobre el presupuesto próximo "no había podido llegar a un acuerdo con los del consejo ejecutivo, por mantener éstos un criterio cerrado . . . En la que no habían aceptado ni una sola de las enmiendas de la Cámara a dicho proyecto." [30]

A moción del señor Díaz se acordó unánimemente no solicitar nueva conferencia relativa al proyecto sobre el presupuesto de los gastos necesarios para el sostenimiento del gobierno insular [31] para el año económico que terminaría el 30 de junio de 1910. Se le informó al consejo y al gobernador que la Cámara no tenía ningún otro asunto que considerar, y así terminó la sesión extraordinaria de la Quinta Asamblea Legislativa De Puerto Rico.[32]

La Legislatura no volvió a reunirse hasta el 11 de enero de 1910, o sea, nueve meses y pico después de esa sesión extraordinaria terminar. Pero ni el calendario ni los ánimos se mantuvieron en suspenso.

Mientras tanto, la Cámara se reunió en secreto y decidió enviar una comisión a Washington, presidida por Luis Muñoz Rivera, ya que de Diego estaba enfermo, y compuesta en adición por Cayetano Coll y Cuchí, y Eugenio Benítez Castaño, con el propósito primordial de combatir la Ley Foraker y tratar de que el Congreso la revocara, o como mínimo, la enmendara para establecer un gobierno más democrático, particularmente en lo que refería el establecimiento de una cámara alta en la legislatura, que fuese electa por voto popular. Rumbo a Washington la Comisión Cameral decidió parar en Nueva York con el propósito de reunirse con la prensa más influyente de Estados Unidos para tratar de levantar opinión pública a favor de su gestión. Pero, sólo consiguieron apoyo en dos de los periódicos, el *Tribune* y el *Sun,* con el *Times, World,* y *Herald* prácticamente ignorándolos. Esta parada en Nueva York le costó caro a la causa puertorriqueña, y no me refiero a lo que gastó la Comisión Cameral en hoteles y comida.

El Consejo Ejecutivo la madrugó y envió su propia comisión, la cual, aunque viajó en el mismo barco que la comisión cameral hasta Nueva York, prosiguió directamente y sin demora para Washington. La Comisión del Consejo estaba compuesta por el "attorney general" de Puerto Rico, Henry M. Hoyt, el Secretario de Puerto Rico, Wi-

---

[28] id., p. 498.
[29] id., p. 499.
[30] id., p. 510.
[31] id., p. 510
[32] id., p. 511.

lliam F. Willoughby, quien a su vez presidía el Consejo Ejecutivo, y por George Cabot Ward, el Auditor de Puerto Rico y miembro del Consejo Ejecutivo. Éstos se encargaron de obtener el apoyo de los periódicos de Washington, situación con la cual se encontró la Comisión de la Cámara cuando arribó a la capital. Hay que tener en mente que la Comisión del Consejo tenía de antemano grandes ventajas sobre la de la Cámara, no sólo porque sus miembros eran anglo-parlantes y su comunicación era directa con los que ejercían el poder e influencia en Washington, mientras que sólo Cayetano Coll y Cuchí tenía fluidez en el idioma inglés, sino que además los consejeros ya habían tenido relaciones extensas con muchos de los congresistas y periodistas con quienes se tenía que bregar, y en última instancia, el "bottom line" era que todos eran norteamericanos, –factor dentro del ambiente prevaleciente, especialmente en Washington de "manifest destiny"– y esto tenía mucho peso. Y como si no fuera esto suficiente, también había una quinta columna en los rangos de Puerto Rico en la persona del líder obrero Santiago Iglesias Pantín, quien por razón de sus vínculos con la American Federation of Labor, tenía acceso a la influencia que ésta ostentaba en el escenario político nacional, y quien, el 28 de marzo consiguió se publicara en la prensa de Washington un "cable" en que Santiago Iglesias acusaba a los unionistas de ser "anti-americanos," y en el que abogaba por la permanencia de la Ley Foraker.

Como vemos en forma abundantemente clara, el patrón de una casa dividida ante el imperio tiene largas y hondas raíces.

Fue con todo este bagaje que se reunieron el 28 de marzo las dos comisiones conjuntamente con el secretario del interior, Richard A. Ballinger, quien desde un principio advirtió que la Ley Foraker se tendría que enmendar, mostrando una actitud a través de la reunión, descrita posteriormente por Cayetano Coll y Cuchí, como una parcializada en contra de los delegados camarales. Aparentemente, al percibir esta ventaja táctica, los representantes del Consejo aprovecharon para tomar la ofensiva y atacar personalmente a Muñoz Rivera como anti-americano y presentar su propuesta al efecto que el presupuesto vigente se extendiera para el próximo periodo fiscal, y consecuentemente, que se enmendara la Ley Foraker para integrar ese mecanismo en caso de que volviera a ocurrir un *impasse* en el futuro. A su vez, estos alegaban que los unionistas perseguían como verdadero propósito, al negarse a aceptar un nuevo presupuesto, era el apoderarse de más poderes de gobierno, inclusive el menoscabar la función de la Corte Federal la cual éstos consideraban "repugnante al pueblo de Puerto Rico."

Próximamente, las dos delegaciones se reunirían directamente con el presidente Taft. La aparente inocencia de los puertorriqueños sobre las reglas de juego en Washington y una falta obvia de conocimiento del trasfondo de con quién estaban reuniéndose pecaba al borde de la incompetencia, pues descansaban su caso en que Taft vería la justicia de la causa que ellos promovían. Pero no sería así. El presidente Taft aparentemente llegó a la reunión conjunta mal informado y de mal humor sobre la crisis que traían las comisiones a Washington, a tal punto que el secretario Ballinger lo tuvo que interrumpir para tratar de encausarlo propiamente. Paso seguido, Coll y Cuchí trató de describir los puntos claves del problema, en síntesis, informándole al presidente que la Cámara no aprobaría el Presupuesto de no hacérsele amplia justicia a Puerto Rico. Esto provocó que Taft abandonara la reunión, dejando en estado inverosímil a los presentes. El secretario Ballinger trató de apaciguar la situación pidiéndoles a los delegados que le escribieran un memorándum al presidente y que él les aseguraba que él se lo haría llegar...

Para suprimir mi impulso de llorar, me parece que este es un buen momento para intercalar un poco de humor a lo que de otra forma es un momento tétrico en nuestra historia. La académica y profesora Cristina Duffy Ponsa nos dice en su escrito sobre la crisis de 1909,[33] que posiblemente la actuación poco presidencial de Taft se pueda explicar si es cierto el rumor que se circuló en la capital para esa época, con relación a un incidente que sufrió Taft en una bañera especial que tenía en casa blanca para asear su corpulento cuerpo. Aparentemente, al meter sus 300 y pico libras en la bañera, éste quedó atascado sin poder salir, y tuvo que acudir al personal de casa blanca, los cuales, sólo usando varios galones de aceite y la fuerza de cuatro hombres fornidos, pudieron extraer al presidente de Estados Unidos de semejante predicamento. Se especula que fue este predicamento el que lo puso en tal mala disposición cuando se reunió con la delegación cameral. Me pregunto si esa bañera todavía radica en casa blanca, porque tiene que ser algo así lo que está influenciando algunas de las cosas que están pasando en Washington, y apenas hemos pasado los primeros cien días.

Dejando rumores a un lado, lo que sí sabemos es que la experiencia colonial de Taft con las Filipinas lo había dejado con un mal sabor en lo que se refería a la capacidad de los "native non-anglo saxon peoples" de gobernarse a sí mismos. Su patrón de gobierno para esta gente era uno que propulsaba el uso de autoridad paternalista, conforme a lo que él caracterizaba a los filipinos como "unreasonable and childish."[34]

Las comisiones permanecieron en Washington varias semanas cabildeando, y la de la Cámara tratando de concertar una nueva entrevista con el presidente, la cual nunca más se dio. Mientras tanto, el 2 de abril se publicó un artículo en el *Washington Herald* que acusaba a la legislatura de querer monopolizar los nombramientos judiciales en la Isla, y dos días después dicho periódico publicó una entrevista que le hiciera a Muñoz Rivera el *New york Herald* durante su parada en New York, en la que se citaba a Muñoz Rivera diciendo que "las cosas han llegado a una situación tan aguda, que al gobierno Federal le quedan dos caminos: o el de una gran expansión liberal o el de una gran opresión tiránica."

Ante la situación tétrica que se vislumbraba, los comisionados camarales[35] se marcharon de vuelta a Puerto Rico, a bordo del *Coamo*, esta vez sin la compañía de la comisión opositora y dedicándose durante el pasaje a San Juan a condenar a "los malos americanos que desde el Consejo Ejecutivo deshonran a Estados Unidos." pero los

---

[33] Christina Duffy Ponsa, "The Crisis Of 1090, and the Other Crisis of 1909."

[34] Truman R. Clark, "President Taft and the Puerto Rican Appropriations Crisis Of 1909," The Americas, vol. 26, no. 2 (1969), at 161.

[35] Menos Benítez Castaño que se había venido para Puerto Rico antes, por razones que todavía están en disputa.

"malos americanos" no sólo estaban dentro del Consejo sino, como cuestión de hecho, los más poderosos estaban fuera de éste y en el tope de la cima de poder en Washington.

Y este poder, ejercitado por uno de los exponentes más consecuentes de la política del "big stick", heredada de su fundador, Teodoro Roosevelt, procedió a manifestarse con todo su peso, físico e institucional, en contra de Puerto Rico. El 10 de mayo, el presidente Taft, en un mensaje especial sobre la crisis de Puerto Rico por razón de la falta de asignación por la legislatura, envió una misiva en la cual, después de recomendarle al Congreso la promulgación de una enmienda a la Ley Foraker para que en el futuro se autorizara automáticamente el presupuesto vigente en caso de un *impasse* como el que había ocurrido, prosiguió a criticar duramente a la Cámara de Delegados por su acción "indebida" que en vez de esperar a que el Congreso actuara, había procedido por su cuenta. Adicionalmente, le pedía al Congreso que no debería haber acción congresional alguna sobre la Isla hasta que "el derecho absoluto de legislar sobre el presupuesto se les quitara a aquéllos que han demostrado que son demasiado irresponsables para gozar de ese derecho." Lo que pasaba, según Taft, era que a los puertorriqueños se les había olvidado la generosidad de Estados Unidos, "pero esto era de esperarse," y añadió, como si lo dicho no fuese suficiente, "de gente con tan poca educación." lo que había demostrado la crisis, continuaba Taft, era que "hemos ido demasiado lejos en la extensión de derechos políticos para su propio bien." Terminó dándole un espaldarazo al gobernador Post y a los miembros del Consejo Ejecutivo.

Como se podrán imaginar, las manifestaciones del presidente causaron un gran revuelo en Puerto Rico, y aun a través de Latinoamérica. El periódico *El País* de Méjico le cursó un telegrama a Taft diciéndole acertadamente, que con sus actuaciones "le había demostrado al mundo lo déspota que era"… ¿Por qué me suena esa música a algo reciente?

Los comentarios de miembros del Congreso se embarraron del racismo prevaleciente en Estados Unidos, siendo típico el del congresista James Kennedy de Oklahoma quien dijo que "los Estados Unidos estaban más que justificados en no darle autonomía a colonizados de descendencia hispana."

Si bien el Partido Republicano de Puerto Rico había apoyado al consejo ejecutivo, teniendo varios puertorriqueños en la matrícula de dicho cuerpo, se consideraron los comentarios de Taft tan abarcadores y vitriólicos contra todos los puertorriqueños, que causaron una reacción general contra ellos, aun dentro de dicha colectividad, a tal punto que ésta decidió enviar dos de sus líderes a Washington a entrevistarse con el presidente.

En esta capacidad fueron Manuel V. Domenech y Francisco Quiñones a la capital, entrevistándose con Taft el 27 de mayo. Ante sus protestas sobre lo inclusivo y la amplitud de sus críticas, la delegación del Partido Republicano argumentó al efecto de que la gran mayoría de los puertorriqueños apreciaban grandemente la benevolencia de Estados Unidos con ellos. Taft simplemente cambió el tema y trajo a colación cuestiones que no iban al caso, tales como que él era un experto en bregar con "trouble-makers", como lo había hecho en las Filipinas. Cabe decir que fue en la insurrección de las Filipinas donde se instituyó el "water boarding" por primera vez, utilizado nuevamente en tiempos recientes. La reunión la monopolizó Taft, y lo único productivo que salió de la misma fue el tema de reemplazar al gobernador Post, sobre lo cual ambos delegados estuvieron de acuerdo sería una buena idea.

El rumor de que un cambio en la gobernación estaba en el aire llegó rápidamente hasta Puerto Rico. Al enterarse, el obispo católico de Puerto Rico, William Ambrose Jones, trató de influenciar el nombramiento, y a través de los contactos de la iglesia en Washington impulsó a un tal Henry F. Ford, un abogado de San Juan, para reemplazar a Post. Al no tener resultado de su gestión, le escribió directamente al presidente recomendando la retención de Post. Pero ya Post parecía que se quería ir y le escribió al Departamento de Guerra su intención de renunciar. Mientras tanto, entró a escena el cardenal Gibbons de Baltimore con su candidato, otro fulano, conocido por el señor De lima de Nueva York.

Mientras tanto, en julio 15, el Congreso cumpliendo con la solicitud del presidente Taft, promulgó enmiendas a la Ley Foraker conocidas como la Ley Olmstead.[36] Como era de esperar, la misma establecía dos cosas: (1) se proveía, como en el caso ya de Filipinas, que si al finalizar un año fiscal, la Legislatura de Puerto Rico no había aprobado un presupuesto para el próximo año fiscal, continuaría vigente automáticamente para el próximo año fiscal el presupuesto que estaba próximo a expirar, y (2) estableció que todo informe que por Ley se requiriese hacer por parte del gobernador o del Consejo Ejecutivo a cualquier oficial de Estados Unidos, debería presentarse al Departamento de la Rama Ejecutiva que el presidente designara en el futuro, y autorizando al presidente a concederle a dicho departamento jurisdicción sobre toda materia relativa al gobierno de Puerto Rico. El 15 de julio de 1909 el presidente designó al Departamento de Guerra para ejercitar esas funciones, la cuales hasta entonces eran adscritas al Departamento del Interior.

Se completa este episodio de intrigas y del burdo uso, o mejor dicho abuso, del poder con el nombramiento por Taft de George R. Colton al puesto de gobernador en sustitución de Post. Éste comienza sus deberes el 7 de noviembre de 1910. Colton había sido un ranchero en Nuevo Méjico,[37] y servido en las Filipinas durante la Guerra Hispanoamericana como coronel del regimiento primero de infantería de los voluntarios de Nebraska. Había, también, sido designado bajo Taft, cuando éste fue secretario de guerra de Estados Unidos bajo Roosevelt, para hacerse cargo de las aduanas dominicanas de 1905-1907. Durante el tiempo que Estados Unidos se incautó de ese país.

---

[36] Olmstead Act, 36 Stat. 11 (July 15, 1909).

[37] Su trasfondo con el entonces territorio de nuevo Méjico no es irrelevante al tema en discusión. Las experiencias de los anglo-sajones con los habitantes que pasaron a ser súbditos de Estados Unidos como consecuencia de la anexión de esas tierras tiene muchas similitudes con la experiencia de Puerto Rico y sus habitantes. Véase, Laura E. Gómez, Manifest Destinies: The Making of the Mexican American Race, New York University Press(2007).

El nombramiento de un militar para ocupar el puesto de gobernador encajaba dentro de la filosofía y agenda de Taft en lo que concernía su visión gobernativa de las colonias y sus habitantes de "educación inferior." al poner al Departamento de Guerra a cargo de supervisar a Puerto Rico, y nombrar a la vez a un militar como gobernador, se aseguraba de que habría compatibilidad de criterios y actuaciones entre pájaros del mismo nido. Y segundo, dado que Taft se jactaba de que sabía cómo bregar con "trouble-makers" como lo había hecho en las Filipinas, el poner al Departamento de Guerra a cargo y a un militar *en situs,* enviaba un mensaje claro a la legislatura del "big stick" que les esperaba si la cosa pasaba a un plano más allá de discursos y mociones.

No obstante, lo infructuosa de las gestiones de la Comisión Cameral en Washington, en mi opinión, ésta creó cierta nerviosidad sobre lo que se podía estar cuajando en Puerto Rico, y es probable que, como resultado de esto, el presidente Taft en diciembre de 1909 envió una comisión para investigar el estado de la situación en la Isla. La comisión la compusieron el secretario de guerra, Jacob M. Dickinson, el jefe del Buró de Asuntos Insulares, el general Clarence R. Edwards, y el Col. Jefferson R. Kean, del cuerpo médico (nótese que siempre vienen a investigar durante época de invierno.). Y, aunque me adelanto a un tema fuera del ámbito de esta conferencia, el resultado de su investigación fue un informe bastante favorable a los puertorriqueños, lo que sería de ayuda cuando en el futuro el Congreso tratara de reformar el gobierno insular.[38]

Es así que llegamos a la Segunda Sesión de la Quinta Asamblea Legislativa en enero, 1910. Mientras tanto, en septiembre a Willoughby se le había vencido el término en el Consejo Ejecutivo y no fue renominado, y en diciembre, a sólo un mes de asumir su puesto de gobernador, Colton le pidió al Departamento de Guerra que se asegurara de que ni a George C. Ward, el auditor, ni al juez federal Bernard S. Rodney se les renovaran sus nombramientos, los cuales estaban a punto de expirar.[39] Ambos acontecimientos ayudaron al nuevo gobernador ante el ambiente difícil que lo esperaba.

Segunda sesión de la quinta asamblea legislativa

La Cámara se reunió el lunes 10 de enero de 1910, presidiendo José de Diego, y estando presentes sólo 21 de los delegados electos, y   una Comisión del Consejo Ejecutivo compuesta por los señores Vías, Sánchez y Sawyer. Se anunció que el gobernador enviaría su mensaje   anual a ambas cámaras el próximo día 11 de enero.

Así pues, con la presencia de sólo 22 delegados, el gobernador envió su mensaje para que se leyese ante ambas cámaras reunidas en sesión conjunta. El mismo fue entregado al presidente de la cámara, señor de Diego, quien instruyó al secretario de la Cámara que le diera lectura. El gobernador dio comienzo a su mensaje catalogando como "el asunto primordial y de más importancia que exige vuestra atención…el de

---

[38] Clark at 169.
[39] id., p. 168.

Hacienda."[40] Haciendo hincapié de que en vista de no haberse aprobado presupuesto alguno por la legislatura para el entonces corriente año económico, y que el Congreso lo había facultado conforme a la Ley Olmstead a tomar ciertas medidas relativas a los gastos del gobierno insular diferentes a lo que la legislatura había aprobado,[41] él informó los pasos que había tomado o tomaría para que se observara "la más severa economía en la preparación de [los] respectivos presupuestos para el entrante año económico." [42] Si bien podríamos dedicarles mucho más tiempo a otros temas del mensaje, sólo voy a mencionar un comentario que habla por sí sólo en comparación a la situación presente. Observó el gobernador Colton: "el sistema moderno de contabilidad y auditoría que ahora se usa por este gobierno, constituye un gran adelanto sobre el que se empleaba en años anteriores ..." [43] ¿qué ha pasado desde entonces?

El 13 de enero la Cámara aprobó enviarle al Congreso y al secretario de guerra un memorial "sobre limitación de la jurisdicción de la Corte Federal," [44] el cual fue aprobado por unanimidad el día 14 de enero, cuando también se aprobó la R. de la C.1 titulada "Expresando a varios senadores y representantes del Congreso de Estados Unidos de América la gratitud y simpatía del pueblo de Puerto Rico," con un discurso florido, fogoso y propio de aquellos tiempos, pero de dudoso impacto al temperamento y cultura anglo-sajona con los que se tenía que bregar. [45]

El record de asistencia de la Cámara aparenta una falta de ánimo en su membrecía, en varias ocasiones teniéndose que suspender los trabajos por falta de quorum.[46]

El 27 de enero, habiéndose recibido un presupuesto nuevo para el año fiscal 1910-1911 refrendado el gobernador, la Cámara aprobó una resolución en la que protestaba la forma que él y el Consejo interpretaba sus poderes bajo la ley Olmstead, y aceptando el poderío del imperio: (1) aprobaba el presupuesto para el año fiscal de 1910-11 "tal y como lo propo[nía] el consejo ejecutivo, sin discusión ni revisarlo" y (2) protestaba ante el Congreso por la interpretación dada a la ley Olmstead.[47] El 31 de enero fue aprobado el C.B. no. 1 sobre el presupuesto, 22 votos a favor y dos en contra.

Al pasar las enmiendas Olmstead, la Cámara de Delegados perdió la única ficha que le daba algún poder político, y sólo le quedaba el envío de resoluciones y delegaciones a una metrópolis que no le prestaba mucha importancia a ninguna de esas dos actividades por parte de una jurisdicción sin poder político. Dirigidos por de Diego, de especial preocupación para la Cámara lo fue el Proyecto de Ley 19,718 presentado

---

[40] Cámara de Delegados de Puerto Rico, Primera y Segunda Sesiones de la Quinta Asamblea Legislativa 1909-1910, 2016, p. 520.
[41] id., p. 595-5. Algo equivalente se cuestionó en los tribunales locales, pero se removió al tribunal federal, donde el gobernador Colton ganó el pleito. Clark, p.168.
[42] id., p. 521.
[43] id., p. 531.
[44] id., p. 545.
[45] id., p. 558-561.
[46] id., p. 569, 626, 627-628.
[47] id., p. 598-599.

a nombre del congresista Olmstead, quien negó paternidad y se lo achacó a Taft, que en su forma original concedía ciudadanía estadounidense a los puertorriqueños y dividía los poderes legislativos de los ejecutivos, pero eliminaba la elección de los jueces municipales, dándole al gobernador la potestad de nombrarlos, y requiriendo que los delegados fuesen residentes de los 35 distritos que se creaban.[48] Posteriormente, se aprobaría unánimemente un memorial al Congreso protestando el proyecto congresional, el cual eventualmente no prosperó.[49] En la sesión del 16 de febrero el presidente de la cámara, José de Diego, trajo a colación la noticia que circulaba de que él era vigilado por el cuerpo de detectives de Puerto Rico, y que él había puesto al gobernador en conocimiento de dicha situación, quien le había cursado una carta informándole que el jefe de la policía no tenía conocimiento "de que se haya dispuesto semejante cosa." [50]

Los informes presentados en las sesiones del 3 y 10 de marzo dan fe de la batalla campal de la delegación que envió la Cámara a testificar y oponerse al nuevo Proyecto Olmstead.[51] Sabemos que tuvieron algún éxito en que no se aprobó, pero para la reforma que querían para que el gobierno de Puerto Rico fuese más representativo y democrático, tuvieron que esperar hasta el 1917, y en verdad, podíamos decir con alguna certeza y validez, que todavía estamos no sólo en espera, sino que se puede argumentar que en realidad conforme a los acontecimientos recientes de los que todos estamos enterados, a Puerto Rico y sus habitantes se les ha retrotraído al estado de derecho existente bajo la Ley Foraker después de la Enmienda Olmsted.

A los pocos meses después de terminada la sesión, Muñoz Rivera viajaría a Washington nuevamente, esta vez en calidad de comisionado residente. Dos años más tarde los "jóvenes turcos" del Partido Unionista formaron el Partido de la Independencia.

Si algo nos enseña la historia, es que se repite, pero si algo nos enseña también es que muy pocos aprenden de la historia para bregar con las repeticiones. En el caso que nos ocupa, la crisis que atraviesa al país es sólo la última de una cadena de eventos contundentes por la cual Puerto Rico ha atravesado a través de su historia, después de los cuales han surgido importantes cambios estructurales en el país. Limitándome sólo a los tiempos modernos, la invasión americana nos trajo la Ley Foraker y el bagaje colonial que he discutido esta noche. La crisis del 1909 sentó las bases que trajo la Ley Jones en 1917, con un gobierno más democrático y la cuasi-ciudadanía. La Segunda Guerra Mundial y la creación de las Naciones Unidas propulsaron la concesión por el Congreso de una autonomía insular comparable con los estados, si no bien soberanía. Que nos traerá la presente crisis con su retroceso a la gobernación estilo Foraker está por verse, pero no tengo la menor duda que será como mínimo comparable a un tsunami. En mi opinión, hay dos factores tan obvios que les pido disculpas

[48] id., p. 641-643.
[49] id., p. 683-687.
[50] id., p. 665.
[51] id., p. 755-758; 877-879.

si peco de pedante. Uno es que el mundo del 2017 es muy diferente al del 1909 y que el pueblo de Puerto Rico no es ni tan inocente ni sumiso como lo era en 1909. El segundo es, y aquí está la pregunta de $64,000 (aunque hoy en día eso no es tanto), que hay un nuevo "sheriff in town" que posiblemente nos vea con ojos que se asemejen más al 1909 que al presente. Que producirá esta aparente incongruencia no creo sea predecible en este momento excepto que probablemente traiga turbulencia en los aires tropicales...

Con eso los dejo, no sin darles las gracias por su paciencia y por haberme acompañado.

DICTAMEN 2017-01

DICTAMEN DEL PLENO DE NUMERARIOS EN TORNO A LA INCLUSIÓN DE LA PALABRA "CONVICCIÓN" COMO SINÓNIMO DE "CONDENA" EN EL DICCIONARIO PANHISPÁNICO DE TÉRMINOS JURÍDICOS[1]

Ponentes: Antonio García Padilla[2]
              Carmelo Delgado Cintrón[3]

Por cuanto,

La Academia Puertorriqueña de Jurisprudencia y Legislación ha sido invitada a recomendar voces propias del quehacer jurídico puertorriqueño al proyecto de diccionario panhispánico de términos jurídicos;

En respuesta a dicho pedido, la Academia ha resuelto que periódicamente determinará qué voces de uso en la abogacía puertorriqueña son propias de inclusión en dicho diccionario;

A juicio de la Academia, dos criterios son centrales a la hora de pasar juicio sobre la inclusión de nuevas voces en el diccionario; la afinidad etimológica de la voz a incluirse y el uso utilizado por los primeros cultos de la comunidad. Con esos antecedentes, toca ahora el examen del término "convicción" como sinónimo de "condena".

Surge del estudio llevado a cabo en ese sentido que:

---

[1] Ponencia presentada ante la Real Academia de Jurisprudencia y Legislación.

[2] Presidente de la Academia Puertorriqueña de Jurisprudencia y Legislación; Decano (1986–2000) y Decano Emérito de la Escuela de Derecho de la Universidad de Puerto Rico (2009 al presente); Presidente de la Universidad de Puerto Rico (2001–09).

[3] Catedrático de la Escuela de Derecho de la Universidad de Puerto Rico y Académico de número de la Academia Puertorriqueña de Jurisprudencia y Legislación; Académico de número de la Academia Puertorriqueña de la Historia y Académico de número de la Academia Puertorriqueña de la Lengua Española. Ha sido Director del Instituto de Cultura Puertorriqueña y Director de la Biblioteca de Derecho de la Universidad de Puerto Rico.

Primero,   Etimológicamente, el uso de la voz "convicción" como sinónimo de "condena" tiene hondas raíces latinas. La asociación de la voz "convicción" con la condena penal se remonta a la antigüedad, según describe el Oxford Latin Dictionary al definir el verbo conuinco –incere –ici –ictum como "[t]o find guilty, convict (of a punishable offence or, with weakened sense, of a vice or fault.)" OXFORD LATIN DICTIONARY 441 (P.G.W. Glare, ed., 1983). En el sentido de condena penal de la voz "convicción", el diccionario de Oxford cita como autoridades a Lucio Aneo Floro (palam praetor in senatu conuincitur, EPITOME BELLORUM OMNIUM ANNORUM 2.12 (4.I.9), siglo II d.C.), Valerio Máximo (neque ullo umquam crimine conuictus) FACTA ET DICTA MEMORABILIA 3.7.7, siglo I d.C.), Plauto (qui et conuicti et condemnati falsi de pugnis sient, TRUCULENTUS 486, siglo II a.C.), Tácito (conuictus pecuniam ob rem iudicandum cepisse, ANNALES 4.31, siglo I d.C.), entre otros. Id.

Segundo,   Por otra parte, Berger incluye en su diccionario enciclopédico de Derecho Romano la voz convincere, definiéndolo en el sentido penal como, "[t]o convict a person of a crime as his accuser", aunque el término no figura en diccionarios hispanófonos de Derecho Romano. ADOLF BERGER, ENCYCLOPEDIC DICTIONARY OF ROMAN LAW 416 (The Lawbook Exchange 2004) (1953); véase también FAUSTINO GUTIÉRREZ-ALVIZ Y ARMARIO, DICCIONARIO DE DERECHO ROMANO (4ta ed. 1995); GONZALO FERNÁNDEZ DE LEÓN, DICCIONARIO DE DERECHO ROMANO (1962).

Tercero,   El diccionario de la Real Academia de la Lengua Española representa correctamente la utilización extrajurídica del término como sinónimo de "convencimiento" o como una "[i]dea religiosa, ética o política a la que se está fuertemente adherido", identificando como raíz etimológica el sustantivo latino conuictio. REAL ACADEMIA ESPAÑOLA, DICCIONARIO DE LA LENGUA ESPAÑOLA 628 (23ra ed. 2014). Por su parte, Cabanellas ofrece una definición casi idéntica de "convicción", pero define "convicto" como "acusado o sospechoso a quien, no obstante su silencio o negativa, se ha probado legalmente su culpa por el cúmulo de pruebas evidentes contra él". II GUILLERMO CABANELLAS DE TORRES, DICCIONARIO ENCICLOPÉDICO DE DERECHO USUAL 425 (Heliasta, 29na. ed. 2006). No obstante, rechaza como "anglicismo periodístico y televisivo" la utilización del término para describir a los "presidiarios o reclusos." Id. Esto entra en conflicto con la definición que ofrece el diccionario de la Real Academia Española para el adjetivo "convicto", la cual se refiere a un reo "[q]ue ha cometido un delito que ha sido probado, aunque no lo haya confesado", equiparándolo en su modalidad de sustantivo con "presidiario". RAE, supra, en la pág. 628. Aunque esta última definición sí está acorde con la usanza jurídica en Puerto Rico, la falta de reconocimiento de "convicción" como término equiparable con "condena" deja al descubierto la laguna que existe en otros países hispanohablantes con respecto a la utilización de esta voz en el ámbito penal.

Cuarto,   La utilización de "convicción" en sinonimia con la condena penal sin duda es generalizada en el léxico jurídico más culto de Puerto Rico. El término figura en todos los diccionarios jurídicos puertorriqueños, donde se le define sencillamente como "[d]eclaración de culpabilidad de un acusado". IGNACIO RIVERA GARCÍA, DICCIONARIO DE TÉRMINOS JURÍDICOS 55 (Lexis, 3ra. ed. 2000); véase también I MARIANO MORALES LEBRÓN, DICCIONARIO JURÍDICO SEGÚN LA JURISPRUDENCIA DEL TRIBUNAL SUPREMO DE PUERTO RICO 237 (1977) (donde se define "convicto" como como indicativo de que "se ha dictado sentencia contra un acusado basada en un veredicto de culpabilidad rendido por un jurado o por el Juez, o cuando el acusado se declara culpable"); JOSÉ A. TORO SUGRAÑES, DICCIONARIO JURÍDICO DEL DERECHO PUERTORRIQUEÑO 13 (1974) (donde se define "convicto" como "[e]l acusado a quien se le ha probado su delito, aunque no haya confesado").

Quinto,   Asimismo, la voz "convicción" ha tenido amplia acogida en la jurisprudencia penal puertorriqueña.

A modo de ejemplo, nótese la manera en que dos de los jueces del Tribunal Supremo de Puerto Rico con mejor formación lingüística utilizaron la voz "convicción" en sus opiniones y sentencias.

En primer lugar, el juez asociado Emilio S. Belaval (1903-1972) de vasta creación literaria, Belaval se destacó como oponente de la transculturación en el derecho puertorriqueño, cuyas raíces civilistas consideraba erosionadas por décadas de préstamos, emulaciones y adaptaciones doctrinales tomadas del common law angloamericano. Belaval fue miembro fundador de la Academia Puertorriqueña de la Lengua Española, de la Academia de Artes y Ciencias de Puerto Rico, así como presidente del Ateneo Puertorriqueño y de Pro-Arte Musical. Entre sus obras literarias figuran Cuentos de la Universidad (1935), Cuentos para fomentar el turismo (1946), Cuentos de la Plaza Fuerte (1963), ensayos críticos publicados en distinguidas revistas puertorriqueñas y cantidad de obras teatrales que llevó a la escena como fundador y director de la Sociedad Dramática Areyto. Belaval es reconocido como un estilista de la lengua española en su manifestación puertorriqueña.

Belaval usaba la voz "convicción" como sinónimo de "condena" o "hallazgo de culpabilidad" cuando trataba materias de Derecho. En su segundo año como Juez del Tribunal Supremo, Belaval emitió la opinión del Tribunal en el caso de Pueblo v. Soto Rivera, 77 DPR 206 (1954), un caso donde la palabra "convicción" aparece en el siguiente contexto:

Un estudio detenido de todos estos casos [jurisprudencia de otras cortes] nos demuestra que nunca ha estado en duda el derecho de un agente del orden público a arrestar a una persona que ha cometido un delito en su presencia, y como consecuencia de dicho arresto, registrarlo e incautarse de cualquiera cosa que sirva de evidencia de convicción del delito por el cual se le arresta. Id. en la pag. 217 (énfasis suplido).

Véanse también las opiniones del Juez Belaval en Pueblo v. Martínez Ramos, 79 DPR 586, 596 (1956) (Belaval, opinión disidente) ("los testimonios. . . son tan poco satisfactorios para una convicción fuera de toda duda razonable"); Pueblo v. Félix Morales 79 DPR 605, 611 (1956) ("[n]uestra misión consiste en examinar la prueba a los efectos de concluir si hubo prueba suficiente para la convicción"); Pueblo v. Tribunal Superior, 82 DPR 47, 51 (1961) ("si cada disposición requiere prueba de un hecho adicional que no requiera la otra. . . , cualquier convicción o absolución bajo cualesqueiera de las dos disposiciones, no prohíbe el enjuiciamiento y condena bajo la otra"); Pueblo v. Almodóvar, 82 DPR 508, 513-14 (1961) ("la prueba obtenida sobre la persona no puede utilizarse para lograr su convicción"); Meléndez v. Tribunal Superior, 90 DPR 656, 674 (1964) (Belaval, opinión separada) ("...el principio consagrado por el Derecho común inglés, que la propiedad usada ilícitamente por el felón para cometer un delito no pasaba a poder de la Corona hasta tanto no hubiese una previa convicción del usuario..."); ELA v. Tribunal Superior, 94 DPR 717, 735, 741, 754, 788, 798-99 (1967) (Belaval, opinión disidente).

Sexto, Al igual que el Juez Belaval, el juez presidente José Trías Monge (1920-2003), reconocido lingüista, utiliza la voz "convicción" en la misma acepción. José Trías Monge ocupó la presidencia del Tribunal Supremo de Puerto Rico por once años entre 1974 y 1985. Formado inicialmente en la Universidad de Puerto Rico (1940), Trías Monge obtuvo una maestría en lingüística de la Universidad de Harvard (1943), donde además completó su Juris Doctor (1946), seguido por estudios doctorales en Derecho en la Universidad de Yale (1947). Uno de los principales arquitectos de la Constitución del Estado

Libre Asociado de Puerto Rico, en cuya convención constituyente participó activamente, Trías Monge fue vicepresidente de la Academia Puertorriqueña de la Lengua Española y Presidente Fundador de la Academia Puertorriqueña de Jurisprudencia y Legislación. Entre sus escritos publicados figura la monumental HISTORIA CONSTITUCIONAL DE PUERTO RICO (5 vols. 1980-94). Trías Monge propició el desarrollo de un derecho autóctono puertorriqueño, libre de transculturación innecesaria y enraizado firmemente en la tradición civilista heredada de España. Proponía la urgencia de "la formación de un derecho puertorriqueño, libre de insularismos y nutrido de universalidad, [a lo cual] va unida la necesidad del rescate y defensa del español forense. Hay que restituirle a nuestra lengua jurídica su antiguo esplendor". José Trías Monge, La crisis del derecho en Puerto Rico, 49 Rev. Jur. UPR 1, 21 (1980).

Trías Monge fue autor de al menos once opiniones donde figura la voz "convicción" en su modalidad de condena penal. Entre estas se encuentran: Pueblo v. Agosto Castro, 102 DPR 441, 444 (1974) ([l]o que la defensa alegó diligentemente fue la necesidad de testimonio corroborante para sostener la convicción"); Rosa v. Tribunal Superior, 102 DPR 670, 672, 677 (1974) ("dichas disposiciones se refieren a todas luces a la etapa que media entre la convicción y la imposición de la pena"; "el Parlamento [de Inglaterra] ha autorizado al tribunal sentenciador a posponer. . . el término para dictar sentencia con el fin de que el tribunal pueda considerar factores tales como la conducta del confinado después de su convicción"); Hernández Ortega v. Tribunal Superior, 102 DPR 765 (1974) ("el principio regidor de que el grado de prueba exigido para determinación de causa es de estándar mínimo y no aquél necesario para sostener una convicción"); Pueblo v. Suárez Sánchez, 103 DPR 10, 14 (1974) ("en Pueblo v. Tanco. . ., revocamos una convicción por no demostrar el récord que existiesen circunstancias que justificasen la utilización del método de exposición del sospechoso a solas"); Pueblo v. Padilla Arroyo, 104 DPR 103, 115 (1975) ("[e]ntre los factores a considerar se encuentran la naturaleza de las convicciones anteriores y su relación con el delito imputado"); Pueblo v. Meléndez Cartagena, 106 DPR 338, 347 (1977) ("conforme a la doctrina prevaleciente, deben anularse las penas impuestas, mas no las convicciones, por los dos delitos menores y validar la condena por la distribución de heroína"); Pueblo v. De la Cruz, 106 DPR 378, 386 (1977) ("[b]ajo la teoría del concurso, que dicho artículo adopta, se anulan las penas impuestas, aunque no las convicciones, por los delitos de poseer con intención de distribuir y por transportar u ocultar marihuana"); Pueblo v. Báez Cartagena, 108 DPR 381, 391 (1979) (Trías Monge, opinión disidente) ("[l]a convicción de la acusada en el primer proceso bajo estas circunstancias impide su enjuiciamiento en el segundo"); Pueblo v. Amado Almodóvar, 109 DPR 117, 125 (1979) ("[e]n recursos como el de autos la convicción no puede fundarse en el testimonio único del agente encubierto"); Pueblo v. Negrón Vázquez, 109 DPR 265, 266-67 (1979) ("[n]o hay indicio de que estos cuerpos de ley intentaron alterar el objetivo histórico de la fianza antes de la convicción. La fianza antes de la convicción se requiere... para asegurar la presencia del acusado"; "[n]o hemos hallado precedentes para el uso de la fianza tradicional antes de la convicción con el fin de asegurar el cumplimiento de la pena"); Pueblo v. Turner Goodman, 113 DPR 243, 247 (1982) ("[e]l tribunal confirmó la convicción en [Pueblo v. Williams] por falta de diligencia de la propia defensa en gestionar oportunamente la comparecencia del testigo").

Sétimo   Ininterrumpidamente, hasta tan reciente como el 14 de noviembre de 2016, el Tribunal Supremo de Puerto Rico ha utilizado "convicción" como sinónimo de "condena". Véase In re Negrón Colón, 2016 TSPR 230 (14 de noviembre de 2016).

Asimismo, los actuales numerarios de la Academia Puertorriqueña de Jurisprudencia y Legislación usan los términos como sinónimos. Véanse Ernesto Chiesa Aponte, "Derecho Procesal Penal de Puerto Rico y Estados Unidos" (1992); Antonio García Padilla, Reseña: "The Court and the World: American Law and the New Global Realities", en 5 – Nº 9 Revista Tribuna Internacional 181-86 (2016).

Por tanto,

Vista la afinidad etimológica del término "convicción" como sinónimo de "condena"; visto su arraigado uso en el decir culto del país, el Pleno de Numerarios de la Academia Puertorriqueña de Jurisprudencia y Legislación resuelve:

Primero, recomendar la inclusión en el diccionario panhispánico de términos jurídicos de la palabra "convicción" como sinónimo de "condena", según se reconoce en el quehacer jurídico puertorriqueño.

Segundo, proponer que la entrada que se consigne en el diccionario sea la siguiente:

convicción. (PR.) Pen. 1. El acto o proceso de declarar a un acusado culpable de cometer un delito mediante un procedimiento judicial; el estado proveniente de haber sido declarado culpable de cometer un delito. 2. El veredicto, emitido tanto por un juez como por un jurado, hallando a una persona culpable de cometer un delito.

En San Juan de Puerto Rico, a 13 de marzo de 2017.

Antonio García Padilla
Ponente

Carmelo Delgado Cintrón
Ponente

Así lo certifico:

Lady Alfonso de Cumpiano
Secretaria General

www.ingramcontent.com/pod-product-compliance
Lightning Source LLC
Chambersburg PA
CBHW081304170526
45165CB00011B/3410

* 9 7 8 1 4 1 1 6 0 7 3 4 7 *